职业教育应用型人才培养培训创新教材

计算机应用基础

周然灿 张富建 主 编
喻红兰 李 锐 副主编

清华大学出版社
北 京

内 容 简 介

本书依据计算机应用基础课程的教学要求,根据不同专业学生在应用计算机时所需的不同知识,针对最常用的知识点进行编写。书中知识点迎合学校机房计算机配置及系统,特别针对中高职学生撰写求职信和毕业论文,进行创新创业大赛等需求,对排版、PPT制作等知识进一步加深练习,并附上毕业论文排版实例、毕业设计答辩PPT实例,同时增加了资讯检索、电子商务、网络购物、买票订房实例和网络教学平台使用、大数据与人工智能等内容,为日后的学习和工作打下坚实的基础。

本书适合作为高职学生计算机应用基础课程教材,同时本书配备了教材资源、教学课件和具体的操作视频,手把手指导读者进行计算机操作,使用微信扫描书中的二维码即可免费观看学习。

图书在版编目(CIP)数据

计算机应用基础/周然灿,张富建主编.—北京:清华大学出版社,2020.10(2024.1重印)

职业教育应用型人才培养培训创新教材

ISBN 978-7-302-56024-1

Ⅰ.①计… Ⅱ.①周… ②张… Ⅲ.①电子计算机—职业教育—教材 Ⅳ.①TP3

中国版本图书馆 CIP 数据核字(2020)第 126974 号

责任编辑:张　弛
封面设计:刘　键
责任校对:李　梅
责任印制:宋　林

出版发行:清华大学出版社
　　　　网　　　址:https://www.tup.com.cn,https://www.wqxuetang.com
　　　　地　　　址:北京清华大学学研大厦 A 座　　　　　　　邮　　编:100084
　　　　社 总 机:010-83470000　　　　　　　　　　　　　　邮　　购:010-62786544
　　　　投稿与读者服务:010-62776969,c-service@tup.tsinghua.edu.cn
　　　　质量反馈:010-62772015,zhiliang@tup.tsinghua.edu.cn
　　　　课件下载:https://www.tup.com.cn,010-83470410
印 装 者:三河市龙大印装有限公司
经　　销:全国新华书店
开　　本:185mm×260mm　　　　印　张:16　　　　字　数:385 千字
版　　次:2020 年 10 月第 1 版　　　　　　　　　　　印　次:2024 年 1 月第 5 次印刷
定　　价:49.00 元

产品编号:088661-01

前 言
FOREWORD

随着网络技术的发展和现代社会的进步,熟练使用办公软件逐渐成为社会工作的一项必备技能,而开发实用性、可行性强的教材成为当务之急。为了进一步适应新的教育教学改革,更加贴近教学及实际使用要求,我们组织具有丰富教学实践和管理经验的一线教师,坚持以实用为导向,围绕职业岗位能力的要求,编写本书。本书采用全新的思维导图模式进行编写,重点突出实用性、针对性,力求从内容到形式都有一定的突破和创新,同时满足考证需要,也符合实际需求。本书可以帮助学生在学习过程中掌握应用计算机技术解决问题的思想和方法;鼓励学生将所学的计算机技术积极应用到生产、生活乃至信息技术革新等各项实践活动中,在实践中创新,在创新中实践。

本书在编写过程中,考虑到计算机实用性和可操作性强的特点,以图文、视频并茂的表现形式,遵循由易到难、由浅入深的原则,由简单的基础知识到综合能力训练,将学习情境与使用情境有机地结合在一起;既有理论基础知识,也有实用性知识;用思维导图介绍操作菜单,通俗易懂,轻松掌握技能。

本书以必需和够用为原则,以理论为引导,围绕实践展开,删繁就简。针对学生的基础和学习特点,打破原来系统性、完整性的旧框架,操作依据实际使用进行设置,着重培养学生软件使用能力及解决问题的能力,将个人日常使用及企业常用知识编入本书,为学生今后就业及适应岗位需求打下扎实的基础。

本书在结构上依托 Windows 10 操作系统和 Office 2016,详细介绍了办公软件 Word、Excel、PowerPoint 等实用操作知识,配有手机扫码即可观看的操作视频,并附上毕业论文排版实例、毕业设计答辩幻灯片实例,同时增加资讯检索、电子商务、网络购物、买票订房实例、人工智能与大数据、网络教学平台使用等与时俱进的内容。

本书由周然灿、张富建担任主编;喻红兰和李锐担任副主编。周然灿编写第 1、2、3、5 章,张富建负责全书架构搭建、统稿、排版,图文效果优化,并和周然灿共同编写第 6、7、8 章;喻红兰和周然灿共同编写第 4 章;李锐负责全书视频的录制及编辑合成。在本书编写及审定过程中,广州机电学院教务处、文化基础系领导和教师给予了大力的支持和帮助;程子华、曹福勇、焦旭伟、林玲、陈瑞英、詹冰、谢建梅、苏子军、邓洁华、林积厚、蔡文泉等老师提出了许多宝贵意见；编者的学生董锐琦、邱永通、邓鑫等提供了毕业设计、创新创业大赛素材，欧阳国亮等参与了文字的整理等工作；华南师范大学玉冬梅、中山大学张茜婷等提供了商务应用、PPT介绍素材；中山大学研究生陆尚平提供全书思维导图美化设计，北京智启蓝墨信息技术有限公司邹超杰经理提供了云班课介绍资料，在此一并致谢！

由于本书涉及知识面较广，新技术发展迅速，加之编者水平有限，书中难免有不足之处，恳请广大师生对本书提出宝贵意见和建议。

编 者

2020 年 6 月

目 录
CONTENTS

第1章

认识计算机

本章要点：我们通常使用的计算机，也就是我们所说的"电脑"。在职场人士眼中，它是最得力的工作伙伴；在求知者的眼中，它是智慧的知识宝库。在信息发达的今天，无论工作、学习、娱乐还是科研，计算机都扮演着不可缺少的角色。

本章知识介绍：认识计算机硬件组成，了解输入设备、输出设备与存储器；认识打印机、数码相机、扫描仪等常用设备。

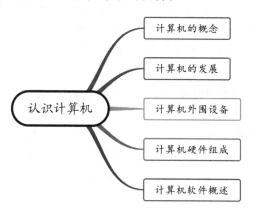

计算机的概念

计算机的发展

认识计算机

计算机外围设备

计算机硬件组成

计算机软件概述

学习目的

1. 了解计算机的概念，能区分硬件和软件；

2. 能够区分控制器、运算器、存储器、输入设备、输出设备并掌握其用途；

3. 能辨别出常用外围设备。

本章重点

1. 计算机的概念；

2. 计算机的硬件组成。

1.1 计算机的概念及组成

学习要求

（1）了解计算机的概念，能区分硬件和软件；

（2）能够区分控制器、运算器、存储器、输入设备、输出设备并掌握各自用途。

1.1.1 计算机的概念

计算机的基本概念主要包括计算机的发展历史、计算机的组成、计算机的主要用途和特点以及信息的相关概念。

1. 计算机的发展

（1）计算机的诞生

第一台电子数字计算机 ENIAC 由美国宾夕法尼业大学于 1946 年研制成功，是一台庞然大物，共有 18 000 个电子管，1500 个继电器，耗电 150 千瓦，重量 30 吨，占地约 170 平方米，运算速度为每秒 5000 次加法或 400 次乘法。它的诞生在人类文明史上具有划时代的意义，奠定了计算机的发展基础，成为计算机发展史上一个重要的里程碑，开辟了计算机科学的新纪元。从第一台计算机诞生至今已有七十多年，计算机的基本构成元件经历了电子管、晶体管、集成电路、大规模集成电路和超大规模集成电路 4 个阶段。

（2）第一代计算机

第一代计算机（1946—1957 年）使用电子管作为主要电子元件，其主要特点是体积大、耗电多、质量重、性能低且成本很高，这一代计算机的主要标志是：①确立了模拟量可以变换成数字量进行计算，开创了数字化技术的新时代；②形成了电子数字计算机的基本结构，即冯·诺依曼结构；③确定了程序设计的基本方法，采用机器语言和汇编语言编程；④首次使用阴极射线管 CRT 作为计算机的字符显示器。

（3）第二代计算机

第二代计算机（1958—1964 年）使用晶体管作为主要电子元件，其各项性能指标有了很大改进，运算速度提高到每秒几十万次。这一代计算机的主要标志是：①开创了计算机处理文字和图形的新时代；②系统软件出现了监控程序，提出了操作系统的概念；③高级语言投入使用；④开始有了通用机和专用机之分；⑤开始使用鼠标。

（4）第三代计算机

第三代计算机（1965—1970 年）使用小规模集成电路 SSIC 和中规模集成电路 MSIC 作为主要电子元件，其性能和稳定性进一步提高。这一代计算机的主要标志是：①运算速度已达到每秒 100 万次以上；②操作系统更加完善，出现分时操作系统，出现结构化程序设计方法，为开发复杂软件提供了技术支持；③序列机的推出，较好地解决了"硬件不断更新，软件相对稳定"的问题；机器可根据其性能分成巨型机、大型机、中型机和小型机。

（5）第四代计算机

第四代计算机（1971 年至今）采用大规模集成电路 LSIC 和超大规模集成电路 VLSIC 作为主要电子元件，使得计算机日益小型化和微型化。这一代计算机的主要标志是：①操作系统不断完善，应用软件的开发成为现代工业的一部分；②计算机应用和更新的速度更加迅猛，产品覆盖各类机型；③计算机的发展进入了以计算机网络为特征的时代。

2. 微型计算机的发展

微型计算机是第四代计算机的典型代表。

1971 年 Intel 公司使用 LSIC 率先推出微处理器 4004，成为计算机发展史上一个新的里程碑。从此，计算机进入一个崭新的发展时期，各种采用 LSIC、VLSIC 的新型计算机像雨后春笋般蓬勃发展起来。

微型计算机的字长从 4 位、8 位、16 位、32 位至 64 位迅速增长，速度越来越快，容量越来越大，其性能甚至已经超过 20 世纪 70 年代的中、小型计算机的水平。微型机机型小巧、性能稳定、价格低廉，对环境没有特殊要求且易于成批生产，因此吸引了众多用户，得到了快速发展。

20 世纪 80 年代微型机进入全盛时期,速度、容量等性能得到飞速提高,显示出强大的生命力。当前计算机技术正朝着巨型化、微型化、网络化、智能化、多功能和多媒体化等多个方向发展。

1.1.2 计算机的组成

1. 计算机组成

计算机组成指系统结构的逻辑实现,包括机器内的数据流和控制流的组成及逻辑设计等。计算机一般包括控制器、运算器、存储器、输入设备和输出设备。

2. 概念

计算机组成的任务是在指令集系统结构确定分配给硬件系统的功能和概念结构之后,研究各组成部分的内部构造和相互联系,以实现机器指令集的各种功能和特性。这种联系包括各功能部件的内部构造和相互作用。

计算机组成的关键是在所希望达到的性能和价格下,怎样最佳、最合理地把各个部件组成计算机,以实现所确定的指令集架构(instruction set architecture,ISA),比如以下几点。

(1) 数据通路宽度:数据总线上一次并行传送的信息位数。

(2) 专用部件的设置:是否设置乘除法、浮点运算、字符处理、地址运算等专用部件。设置的数量与机器要达到的速度、价格及专用部件的使用频度等有关。

(3) 各种操作对部件的共享程度:分时共享使用程度较高,虽限制了速度,但价格便宜。如设置部件多,会因操作并行度提高而降低共享程度,可提高速度来解决,但价格也会提高。

(4) 功能部件的并行度:是用顺序串行,还是用重叠、流水或分布式控制和处理。

(5) 控制机构的组成方式:用硬联还是微程序控制,是单机处理还是多机或功能分布处理。

(6) 缓冲和排队技术:部件间如何设置,设置多大容量的缓冲器来协调它们的速度差;用随机、先进先出、先进后出、优先级,还是循环方式安排事件处理的顺序。

(7) 预估、预判技术:为优化性能用什么原则预测未来行为。

(8) 可靠性技术:用什么冗余和容错技术提高可靠性。

3. 硬件部分

硬件主要分为五个部分:控制器、运算器、存储器、输入设备和输出设备。

(1) 控制器(control):控制器是整个计算机的中枢神经,其功能是对程序规定的控制信息进行解释,根据其要求进行控制,调度程序、数据、地址,协调计算机各部分工作及内存与外设的访问等。

(2) 运算器(datapath):运算器的功能是对数据进行各种算术运算和逻辑运算,即对数据进行加工处理。

(3) 存储器(memory):存储器的功能是存储程序、数据、信号、命令等信息,并在需要时提供这些信息。

(4) 输入设备(input system):输入设备是计算机的重要组成部分,输入设备与输出设备合称为外部设备,简称外设。输入设备的作用是将程序、原始数据、文字、字符、控制命令或现场采集的数据等信息输入计算机。

(5) 输出设备(output system):输出设备与输入设备同样是计算机的重要组成部分,输出计算机的中间结果(过程)或最后结果、机内的各种数据符号、文字或各种控制信号等信息。

4. 软件概述

计算机软件(computer software)是指计算机系统中的程序及其文档。程序是计算任务的处理对象和处理规则的描述;文档是为了便于了解程序所需的阐述性资料。程序必须装入机器内部才能工作;文档一般是给人看的,不一定装入机器。软件是用户与硬件之间的接口界面。用户主要是通过软件与计算机进行交流。在设计计算机系统时,必须全面考虑软件与硬件的结合,以及用户的要求和软件的要求。

运行时,软件系统应提供能够满足要求和性能的指令或计算机程序的集合;程序能够满意地处理信息的数据结构;描述程序功能需求以及程序如何操作和使用所要求的文档。

软件具有以下与硬件不同的特点。

(1) 表现形式不同。硬件有形、有色、有味,看得见、摸得着、闻得到;而软件无形、无色、无味,看不见、摸不着、闻不到。软件存在计算机系统里或纸面上,它是否正确要通过程序在机器上运行进行检验,这就给设计、生产和管理带来许多困难。

(2) 生产方式不同。软件靠开发,是人的智力的高度发挥,不是传统意义上的制造。尽管软件开发与硬件制造之间有许多共同点,但这两种过程是根本不同的。

(3) 要求不同。硬件产品允许有误差,而软件产品不允许有误差。

(4) 维护不同。硬件是会用旧用坏的,在理论上,软件是不会用旧用坏的,但软件在整个生存期中一直处于改变维护状态。

如果把计算机比作一个人,那么硬件就表示人的身躯,软件则表示人的思想和灵魂。一台没有安装任何软件的计算机通常称为"裸机"。

5. 系统软件

系统软件是指控制和协调计算机及外部设备,支持应用软件开发和运行的系统。系统软件是无须用户干预的各种程序的集合,主要功能是调度,监控和维护计算机系统,负责管理计算机系统中各种独立的硬件,使它们可以协调工作。系统软件使计算机使用者和其他软件将计算机当作一个整体而不需要顾及底层每个硬件是如何工作的,如 Windows、Linux、DOS、UNIX 等操作系统都属于系统软件。

6. 应用软件

应用软件是用户可以使用的各种程序设计语言,以及用各种程序设计语言编制的应用程序的集合,分为应用软件包和用户程序。应用软件包是利用计算机解决某类问题而设计的程序的集合,可供多用户使用。计算机软件分为系统软件和应用软件两大类。应用软件是为满足用户不同领域、不同问题的应用需求而提供的软件。它可以拓宽计算机系统的应用领域,放大硬件的功能,如 Word、Excel、QQ、微信等都属于应用软件。

1.2　计算机硬件

学习要求

（1）能够区分控制器、运算器、存储器、输入设备和输出设备并能说出其用途；

（2）掌握常用外围设备名称及用途。

1.2.1　计算机硬件组成

无论是微型计算机还是大型计算机，都是以冯·诺依曼体系结构为基础。冯·诺依曼体系结构由"计算机之父"冯·诺依曼设计，规定计算机系统主要由运算器、控制器、存储器、输入设备和输出设备五部分组成。

不同的信息通过输入设备进入计算机存储器，然后送到运算器，运算完毕把结果送到存储器存储，最后通过输出设备输出，整个过程由控制器控制。

计算机主机
箱内的部件

计算机的硬件系统包括主机部件、外部设备，如图 1-1 所示。主机部件包括主板、CPU、内部存储器（内存条）等计算机核心部件。外部设备包括输入设备、输出设备和外部存储器等。输入设备是指将数据输入计算机的设备，基本的输入设备有键盘和鼠标；输出设备是指将计算机的处理结果以适当的形式输出的设备，常用的输出设备有显示器、音箱、打印机等；外部存储器包括光驱、U 盘、移动硬盘等。

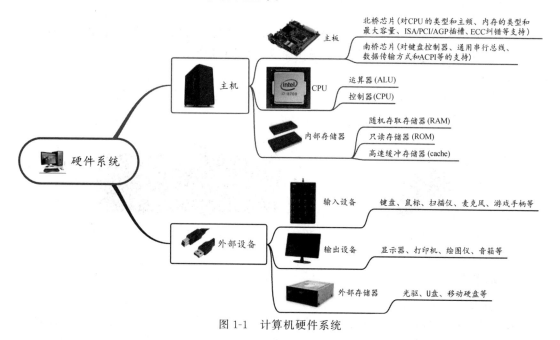

图 1-1　计算机硬件系统

1. 主机部件

主机的所有部件都安装在主机箱内，其中包括主板、CPU、内存条、硬盘、光驱、软驱、显示卡、声卡、网卡等，如图 1-2 所示。主机箱的外观是一个方形盒子，对计算机的部件起着保护的作用,如果没有主机箱,计算机的 CPU、内存、显卡等设备就会裸露在空气中,这样不仅不安全,而且空气中的灰尘会影响各个部件的正常工作。

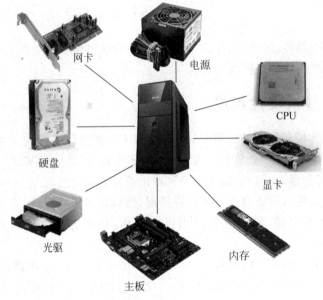

图 1-2　计算机主机部件

2. 输入设备

(1) 鼠标

在 Windows 操作系统下,鼠标已经成为不可缺少的输入设备,其作用是快速而准确地定位,或通过单击、双击、右击执行各种操作命令,如图 1-3 所示。

(2) 键盘

键盘是主要的输入设备,用于输入控制计算机运行的各种命令或编辑文字等,如图 1-4 所示。

图 1-3　鼠标　　　　　　　　　　　　　　　图 1-4　键盘

3. 输出设备

(1) 显示器

显示器是主要的输出设备,是组装计算机必不可少的部件之一。显示器主要有 CRT 显示器和液晶显示器两大类,其作用是显示计算机运行各种程序的过程和结果。图 1-5 所示为 CRT 显示器(已经淘汰),图 1-6 所示为液晶显示器。

(2) 音箱

在多媒体计算机中,必须配置声卡和音箱。音箱是观看视频、播放音乐不可缺少的输出设备,如图 1-7 所示。

（3）打印机

打印机是计算机的常用输出设备之一,我们经常需要将计算机处理的结果按照要求打印出来,如图 1-8 所示。

图 1-5 CRT 显示器

图 1-6 液晶显示器

图 1-7 音箱

图 1-8 打印机

4. 计算机主机箱内的部件

计算机主机的核心部件都安装在主机箱内,主要包括主机板、CPU、内存条、硬盘、光驱各种板卡等。这些部件是组成计算机必需的硬件设备。

（1）CPU

CPU（Central Processing Unit,中央处理单元）是计算机的核心部件,由控制器和运算器组成。它是计算机的运算中心,类似于人的大脑,用于计算数据和进行逻辑判断以及控制计算机的运行,如图 1-9 所示。

（2）主板

如果把 CPU 比作计算机的"大脑",那么主板就是计算机的"躯干"。主板将 CPU、内存条、显卡,鼠标、键盘等部件连接在一起,为计算机各部件提供数据交换的通道。如图 1-10所示,主板对所有部件的工作起统筹协调作用,因此主板的稳定性是系统发挥最优性能的基础。

（3）内存

内存如图 1-11 所示,是计算机的核心部件之一,用于临时存储程序和运算所产生的数据,其存取速度和容量的大小对计算机的运行速度影响较大。计算机关机后,内存中的数据丢失。

图 1-9 CPU

图 1-10 主板

图 1-11 内存

（4）显卡

显卡也称图形加速卡,如图 1-12 所示,是计算机中主要的板卡之一。显卡用于把主板传来的数据做进一步处理,生成能供显示器输出的图形图像、文字等信息。有的主板集成了显卡,但在对图形图像要求较高的场合（如 3D 游戏、工程设计）建议配置独立显卡。

（5）声卡

声卡如图 1-13 所示，用于处理计算机中的声音信号，并将处理结果传输到音箱中播放。现在的主板几乎都已经集成了声卡，只有在对声音效果要求极高的情况下才需要配置独立的声卡。

图 1-12　显卡

（6）硬盘

硬盘如图 1-14 所示，是重要的外部存储器，其存储信息量大，安全系数也比较高。计算机关机后，硬盘中的数据不会丢失，是长期存储数据的首选设备。

图 1-13　声卡

图 1-14　硬盘

（7）光驱

光驱如图 1-15 所示，在可移动存储设备（移动硬盘）未普及之前是安装操作系统、应用程序、驱动程序和计算机游戏软件等必不可少的外部存储设备。其特点是容量大，抗干扰性强，存储的信息不易丢失。互联网与移动硬盘普及后，一般的台式计算机都不再配置此设备，光驱逐渐被淘汰。

（8）电源

电源如图 1-16 所示，是为计算机提供电力的设备。电源有多个不同电压和形式的输出接口，分别接到主板、硬盘和光驱等部件上，为其提供电能。

图 1-15　光驱

图 1-16　电源

1.2.2　计算机外围设备

1.2.1 小节介绍的计算机部件已经可以组装一台计算机了，但是要扩展计算机的应用范围，还需要为计算机安装一些外围设备。

1. 网络设备

网络适配器、交换机、集线器、路由器等可以使世界各地的计算机通过 Internet 连接起来。

（1）网络适配器

网络适配器俗称网卡，是网络系统中的关键硬件，如图 1-17 所示。在局域网中，网卡对于计算机之间信号的输入与输出，起着重要的作用。

（2）集线器

集线器如图 1-18 所示，它的功能是分配带宽，将局域网内各自独立的计算机连接在一起并能互相通信。

（3）路由器

路由器（Router）是连接因特网中各局域网、广域网的设备，它会根据信道的情况自动选择和设定路由，以最佳路径、按前后顺序发送信号。路由器是互联网络的枢纽，相当于交通警察。目前路由器已经广泛应用于各行各业，各种不同档次的产品已成为实现各种骨干网内部连接、骨干网间互联和骨干网与互联网互联互通业务的主力军。图 1-19 所示为一种无线路由器。

图 1-17 网卡

图 1-18 集线器

图 1-19 路由器

2. 可移动存储设备

可移动存储设备包括 USB 闪存盘（俗称 U 盘）和移动硬盘，图 1-20 所示为 U 盘，图 1-21 所示为移动硬盘。这类设备使用方便，即插即用，容量存储也能满足人们的需求，现在已成为计算机中必不可少的附属配件。

图 1-20 U 盘

3. 数码设备

数码设备包括数码相机、扫描仪等设备，图 1-22 所示为数码相机，图 1-23 所示为扫描仪。尽管在配置计算机时它们属于可选设备，但在信息化时代却有着广泛的应用。

图 1-21 移动硬盘

图 1-22 数码相机

图 1-23 扫描仪

第2章

Windows 10 操作系统应用

本章要点：第1章主要介绍了计算机硬件部分，如果把计算机比作人，那么计算机的灵魂就是操作系统。操作系统是有效管理计算机系统中的资源，合理管理计算机系统的工作流程，方便用户使用的程序集合。目前 Windows 操作系统是最常用的操作系统之一。

本章知识介绍：Windows 操作系统简介及发展，界面组成，窗口基本操作，文件复制、文件重命名规则，Windows 10 常用附件、文件压缩及解压缩，常用快捷键等。

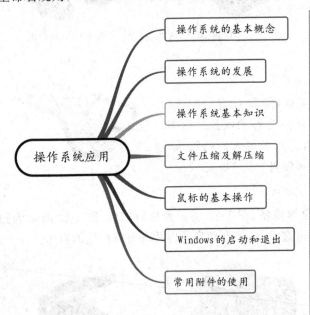

学习目的

1. 了解 Windows 操作系统的基本概念及发展历程；

2. 掌握 Windows 10 正确的启动和退出方法；

3. 在 Windows 10 中能够灵活地使用鼠标对文件、窗口、菜单进行基本的操作；

4. 学会使用 Windows 10 中记事本、写字板、画图、计算器等常用附件工具；

5. 掌握文件压缩及解压缩的方法。

本章重点

1. 鼠标的基本操作；

2. Windows 10 的启动和退出；Windows 10 的常用附件；

3. 文件压缩及解压缩的方法。

2.1 Windows 操作系统简介及发展

学习要求

(1) 了解 Windows 操作系统的基本概念及发展历程；

(2) 知道常见的 Windows 操作系统版本；

(3) 掌握 Windows 10 操作系统个人计算机最低硬件配置指标。

2.1.1 Windows 操作系统基本概念

微软操作系统(Microsoft System)是美国微软公司开发的 Windows 系列视窗化操作系统。最新服务器版本最高为 Windows Server 2019,个人版本最高为 Windows 10。

Windows 是在 DOS 操作系统上发展起来的软件。由最初 Windows 1.0 版、Windows 3.x、Windows 9X、Windows 2000 到现在普遍使用的 Windows XP、Windows 7 和 Windows 10,系统功能和性能不断提高。Windows 10 除了具有图形用户界面操作系统的多任务、"即插即用"多用户账户等特点外,窗口设计和操作环境都更加友好和方便快捷。

由于操作系统实现了人机交互的便利性,使得计算机快速进入千家万户。通俗来说,操作系统的作用是方便人们更好地使用计算机资源。计算机的 CPU 计算能力、硬盘的存储能力、显示器的显示功能等都是属于计算机的资源。操作系统给人们提供了统一的接口,让人们通过编程可以很方便地使用这些资源。正是操作系统的存在才使计算机可以安装各种软件和游戏,方便人们的工作和娱乐需求。本书主要介绍 Windows 10 操作系统。

2.1.2 Windows 操作系统的发展

Windows 操作系统的历史如图 2-1 所示。

1. Windows XP

Windows XP 是基于 Windows 2000 代码的产品,也是目前使用人数最多的操作系统。它拥有新的用户图形界面(叫作月神 Luna),其中有些看起来是从 Linux 的桌面环境(Desktop environment)如 KDE 中获得的灵感,带有用户图形的登录界面就是一个例子。此外,Windows XP 还引入了一个"选择任务"的用户界面,使用户可以由工具条访问任务细节。它还包括简化的 Windows 2000 用户安全特性,并整合了防火墙,试图解决一直困扰微软公司的安全问题。

2. Windows Vista

Windows Vista 是微软公司 Windows 操作系统的一个版本。微软公司最初在 2005 年 7 月 22 日正式公布了这一名字,之前操作系统开发代号为 Longhorn。Windows Vista 的内部版本是 6.0(即 Windows NT 6.0),正式版本是 Build 6.0.6000。2006 年 11 月 8 日,Windows Vista 开发完成并正式进入批量生产。此后的两个月仅向 MSDN 用户、计算机软硬件制造商和企业客户提供。2007 年 1 月 30 日,Windows Vista 正式对普通用户出售,同时也可以从微软官方网站下载。Windows Vista 距离上一版本 Windows XP 已有超过五年

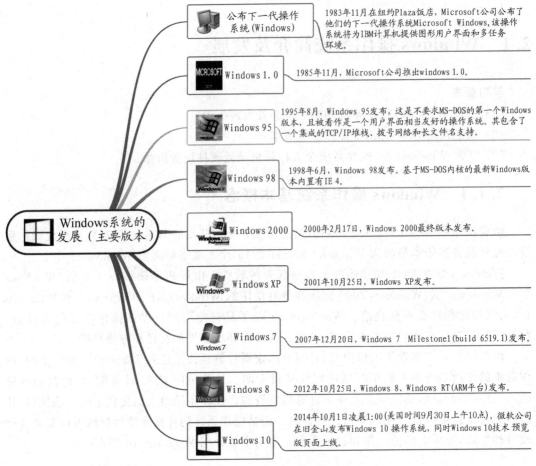

图 2-1　Windows 操作系统的历史

的时间,这是 Windows 版本历史上间隔时间最久的一次发布。

3. Windows 7

Windows 7 是由微软公司开发的操作系统,核心版本号为 Windows NT 6.1。Windows 7 可供家庭及商业工作环境、笔记本电脑、平板电脑、多媒体中心等使用。2009 年 7 月 14 日,Windows 7 RTM(Build 7600.16385)正式上线,2009 年 10 月 22 日,微软公司在美国正式发布 Windows 7。Windows 7 同时也发布了服务器版本——Windows Server 2008 R2。2011 年 2 月 23 日凌晨,微软公司面向大众正式发布了 Windows 7 升级补丁——Windows 7 SP1(Build7601.17514.101119-1850),另外还包括 Windows Server 2008 R2 SP1 升级补丁。

4. Windows 8

Windows 8 是由微软公司开发的、具有革命性变化的操作系统。该系统旨在让人们的日常计算机操作变得更加简单和快捷,为人们提供高效易行的工作环境。Windows 8 将支持来自 Intel、AMD 和 ARM(版本为 Windows RT)的芯片架构。这一决策意味着 Windows 系统开始向更多平台迈进,包括平板电脑和 PC。Windows Phone 8 将采用和 Windows 8 相同的内核。2011 年 9 月 14 日,Windows 8 开发者预览版发布,宣布兼容移动终端,微软公司将苹果公司的 iOS、谷歌公司的 Android 视为 Windows 8 在移动领域的主要竞争对手。2012 年 2 月,微软公司发布"视窗 8"消费者预览版,可在平板电脑上使用。

5. Windows 8.1

Windows 8.1 是微软公司在 2012 年 10 月推出 Windows 8 之后,着手开发 Windows 8 的更新包。在代号为"Blue"的项目中,微软公司向用户提供了更常规的升级。Windows 8.1 的更新包括更加炫酷的 Metro 界面、【开始】按钮的回归、支持更高分辨率和屏幕尺寸、全局搜索增强、改善分屏多任务并且内置了 IE11 浏览器。

6. Windows 10

Windows 10 是由微软公司发布的新一代全平台操作系统,新系统涵盖传统 PC、平板电脑、二合一设备、手机等,支持广泛的设备类型。新一代操作系统倡导 One product family、One platform、One store 的新思路,打造全平台统一的操作系统。

Windows 10 首次曝光是在微软 Build 2014 开发者大会上,当时外界普遍认为大会演示的版本为 Windows 8 的升级版。之后外界一直流传,微软公司将会在 2014 年 9 月发布新一代操作系统——Windows 9,直到 2014 年 9 月 30 日(美国时间),微软公司在旧金山举行小型发布会,发布新一代操作系统 Windows 10,而不是之前一直盛传的 Windows 9。

Windows 10 操作系统对中央处理器、内存容量、硬盘空间、显卡设备等的最低个人计算机硬件配置指标如表 2-1 所示。

表 2-1　Windows 10 操作系统最低个人计算机硬件配置指标

硬　件	桌　面　版　本	移动版本
处理器	1GHz 或更快的处理器	—
RAM	1GB(32 位)或 2GB(64 位)	—
硬盘空间	16GB(32 位操作系统)或 20GB(64 位操作系统)	1.4GB
显卡	Direct X9 或更高版本(包含 WDDM 1.0 驱动程序)	—

上述硬件配置只是可运行 Windows 操作系统的最低指标,更高的配置可以明显提高其运行性能。如需要连入计算机网络和增加多媒体功能,则需配置调制解调器(MODEM)、声卡、DVD 驱动器等附属设备。

2.2　Windows 10 操作系统基本知识

学习要求

(1) 在 Windows 10 中,能够灵活使用鼠标对文件、窗口、菜单进行基本操作;

(2) 熟悉 Windows 10 中常用组合键及其功能并掌握一些基本操作。

2.2.1　基本知识

操作系统研究中存在的不同观点,这些观点彼此并不矛盾,而是站在不同角度对同一事物(操作系统)分析的结果,每一种观点都有助于理解、分析和设计操作系统。

1. 用户观点

操作系统的用户观点即根据用户所使用计算机的不同而设计不同类型的操作系统。比如,大多数人使用的是个人计算机(PC),此类计算机主要包括主机、显示器、键盘等,这种系统设计是为了帮助用户更好地进行单人工作,因此操作系统要达到的目的就是方便用户使用,资源利用率则不是很重要。而有些用户使用的是大型机或终端等,此类计算机用来完成大型计算或作为公共服务器等,其操作系统的设计目的就是使资源利用最大化,确保所有资源都能够被充分使用,并且保障稳定性。而智能手机的操作系统所追求的则是界面友好、使用便捷及耗电量低等。

2. 系统观点(资源管理的观点)

从资源管理的角度来看,操作系统是计算机系统的资源管理程序。在计算机系统中有硬件资源和软件资源两类资源,按其作用又可以分为 4 大类:处理器、存储器、输入/输出设备、程序和数据,这 4 类资源构成了操作系统本身和用户作业的物质基础和工作环境。它们的使用方法和管理策略决定了整个操作系统的规模、类型、功能和实现。与上述 4 类资源相对应,操作系统可被划分成处理器管理、存储器管理、设备管理和信息管理(即文件系统),并分别进行分析研究。由此,可以用资源管理的观点组织操作系统的有关内容。

3. 进程观点

进程观点把操作系统看作由若干个可独立运行的程序和一个对这些程序进行协调的核心所组成。这些运行程序称为进程,每个进程都完成某项特定任务(如控制用户作业的运行、处理某个设备的输入输出等)。操作系统的核心则是控制和协调这些进程的运行,解决进程之间的通信。它从系统各部分以并发工作为出发点,考虑管理任务的分割和相互之间的关系,通过进程之间的通信解决共享资源时的竞争问题。通常,进程可以分为用户进程和系统进程两大类,由这两类进程在核心控制下的协调运行来完成用户的要求。

4. 虚拟机观点

虚拟机的观点也称为机器扩充的观点。从这一观点来看,操作系统为用户使用计算机提供了许多服务功能和良好的工作环境。用户不再直接使用硬件机器(称为裸机),而是通过操作系统控制和使用计算机。计算机从而被扩充为功能更强大、使用更加方便的虚拟计算机。

从功能分解的角度出发,充分考虑操作系统的结构,将操作系统分为若干个层次,每一层次完成特定的功能,从而构成一个虚拟机,并为上一层提供支持,构成它的运行环境。通过逐层的功能扩充,最终完成操作系统虚拟机,从而为用户提供全套的服务,满足用户的要求。

2.2.2 基本操作

1. 鼠标的基本操作

鼠标输入是 Windows 环境下操作的主要特色之一,它打破了 DOS 系统下只能用键盘执行操作的常规,使常用操作更加简单、快捷和准确,有直观的屏幕定位和选择能力。鼠标的基本操作介绍如图 2-2 所示。

鼠标指针的形状取决于它所在的位置以及和其他屏幕元素的相互关系。图 2-3 列出了常用鼠标指针形状及其含义。

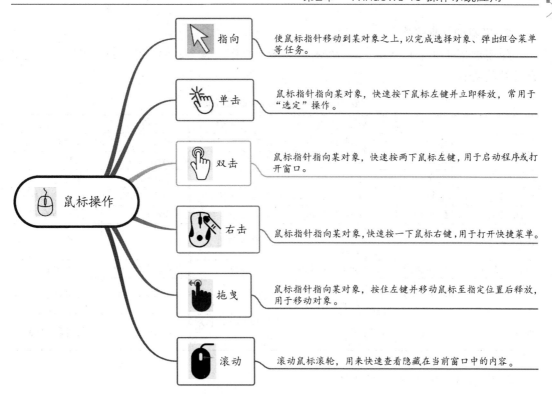

图 2-2　鼠标的基本操作

图 2-3　鼠标指针的形状

2. 键盘的基本操作

使用键盘可以完成 Windows 10 的一些基本操作。表 2-2 列出了部分常用快捷键或组合键及其功能。

表 2-2　部分常用组合键及其功能

键	功　能	键	功　能	键	功　能
F5	刷新	Delete	删除	Tab	改变焦点
Ctrl+C	复制	Ctrl+X	剪切	Ctrl+V	粘贴
Ctrl+A	全选	Ctrl+Z	撤销	Ctrl+S	保存
Ctrl+F	查找	Ctrl+Alt+Del	调出安全窗口	Ctrl+Shift	输入法切换
Ctrl+Esc	【开始】菜单	Ctrl+空格	中英文输入切换	Ctrl+N	打开新窗口
Alt+F4	关闭窗口	Alt+向左或向右键	后退或前进	Alt+Tab	切换
Shift+Tab	反向切换	Shift+Delete	永久删除	Win+D	显示桌面
Win+Ctrl+D	添加虚拟桌面	Win+Ctrl+向左或向右键	桌面切换	Win+L	屏幕锁定
Win+E	打开【我的电脑】	Win+P	选择演示显示模式	Win+R	打开【运行】

3. 中文版 Windows 10 的桌面

Windows 操作系统启动后显示的整个屏幕称为桌面。桌面是登录到 Windows 10 之后看到的屏幕,如图 2-4 所示,它是用户操作计算机的界面。Windows 桌面主要由桌面图标、开始按钮、桌面背景、任务栏组成。在桌面上可以放置一些常用的图标、文件或文件夹。桌面底部的【任务栏】显示正在运行的程序或打开的文件夹,并允许在它们之间进行切换,桌面左下角的【开始】按钮是 Windows 菜单的入口。

图 2-4　Windows 10 桌面

(1) Windows 10 桌面常用图标

图标是指桌面上排列的小图像,包含图形、说明文字和对应程序路径等信息,如图 2-5 所示。

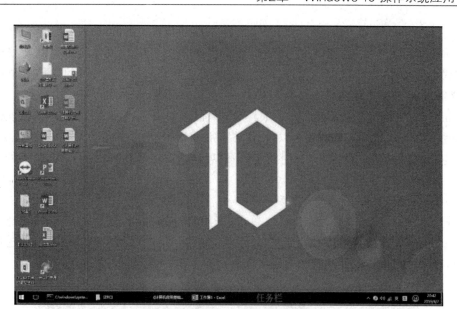

图 2-5　Windows 10 桌面常用图标

　　单击图标将选中该图标；双击图标就可以打开相应的程序、内容；右击图标将显示该图标的快捷菜单。桌面上的常用图标功能介绍如图 2-6 所示。

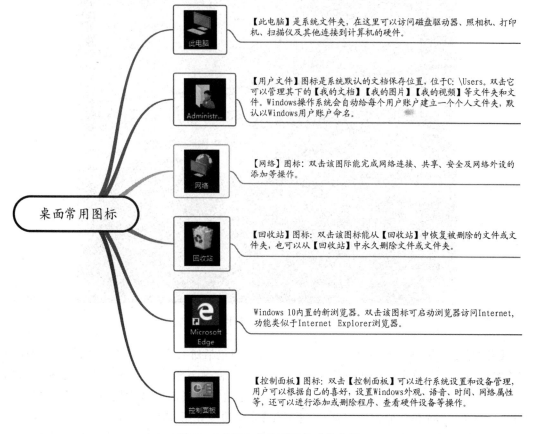

图 2-6　桌面上的常用图标功能介绍

通过鼠标拖动桌面上的图标可以改变其在桌面的位置;也可以右击桌面空白处,在弹出的菜单中选中【排序方式】项,在其下级菜单中选择按名称、大小、项目类型及修改日期4种方式中的一种,重新排列图标;还可右击桌面上某个图标,在弹出的快捷菜单中选择【删除】命令,删除不常用图标。

Windows 操作系统中包含称为"小工具"的小程序,如日历、时钟、天气、提要标题、幻灯片放映和图片拼图板等,这些小程序可以为用户提供许多即时信息。要在桌面上显示小程序,可以在桌面空白处右击,在快捷菜单中选择"小工具"项,然后在弹出的窗口中选择需要的小工具即可。

(2)【开始】菜单按钮及【开始】菜单

【开始】菜单按钮位于桌面左下角。单击【开始】按钮或按下键盘的 Windows 键就可以打开 Windows 操作系统的【开始】菜单,如图 2-7 所示。用户可以在【开始】菜单中选择相应的命令,轻松快捷地访问计算机上的重要项目。

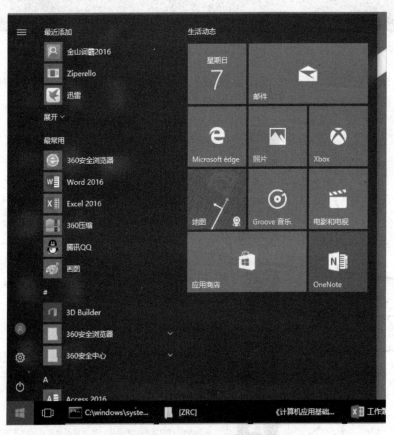

图 2-7   Windows 10【开始】菜单

【开始】按钮是 Windows 10 的主菜单入口,其中包括所有程序、计算机、网络、控制面板和关机等多组子菜单和一个查询框,是 Windows 10 管理下整个计算机系统功能和应用的体现。其左边窗格显示计算机上软件的短列表;左边窗格底部是搜索框;右边窗格提供对文件、文件夹、设置和功能的访问路径。【开始】菜单功能介绍如图 2-8 所示。

左边的大窗格显示计算机上的程序列表。系统会自动将用户最近使用的程序显示在此列表中,用户也可以自行设置将某个程序固定显示在此列表中。单击【所有程序】可显示系统中安装的所有程序列表。左边窗格的底部是搜索框,通过输入搜索关键字可在计算机上查找文件、文件夹、程序和电子邮件。

右边窗格提供对常用文件夹、文件、控制面板等的访问链接。默认为打开当前登录Windows 的用户文件夹。右边窗格底部是【关机】按钮,用来切换用户、注销 Windows 或关闭计算机。Windows 10 几乎所有的操作都可以通过【开始】菜单实现,为了使【开始】菜单更加符合自己的使用习惯,用户可以自己设置【开始】菜单的样式。

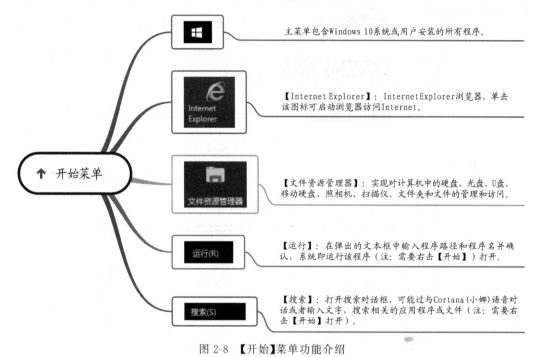

图 2-8　【开始】菜单功能介绍

（3）任务栏

任务栏位于桌面底部,分为快速启动工具栏、最小化窗口栏等,如图 2-9 所示。

图 2-9　Windows 10 任务栏

任务栏位于桌面的底部。从左到右依次为【开始】按钮、快速启动区、程序按钮区、通知区域和【显示桌面】按钮。任务栏功能介绍如图 2-10 所示。

4. 中文版 Windows 10 窗口

窗口是在 Windows 10 下运行一个应用程序时呈现在屏幕上的矩形工作区域,运行一个程序即打开一个窗口。Windows 10 是多任务系统,允许用户打开多个窗口,但任何时候只有一个窗口是当前窗口。当前窗口对应的程序称为前台程序,其他程序则自动转为后台程序。

（1）窗口的组成

在 Windows 10 中,窗口不会完全相同但主要元素是相同的。窗口通常由标题/地址栏、控制按钮、菜单栏、工作区、滚动条和边框等组成,如图 2-11 所示。

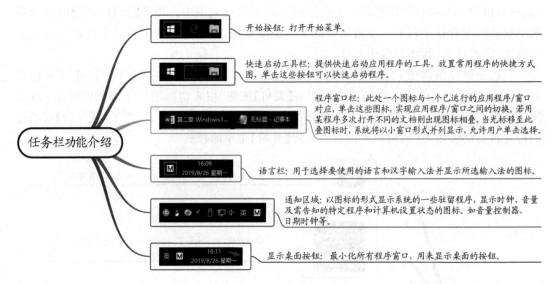

图 2-10　任务栏功能介绍

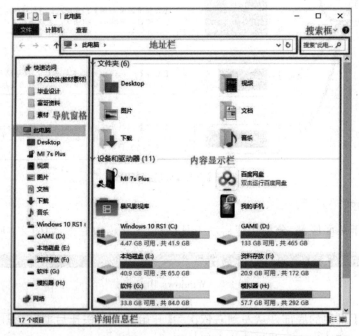

图 2-11　Windows 10 窗口

　　Windows 窗口包括标题栏、菜单栏、最小化按钮、最大化按钮(恢复按钮)、关闭按钮等,不同类型窗口也会有其他的按钮、框或栏。Windows 窗口功能介绍如图 2-12 所示。

　　(2) 窗口的基本操作

　　在 Windows 操作系统中,可以通过鼠标/键盘完成窗口的操作。窗口是屏幕上可见的矩形区域,其操作包括打开、关闭、移动,放大及缩小等,在桌面上可同时打开多个窗口。窗口的基本操作如图 2-13 所示。

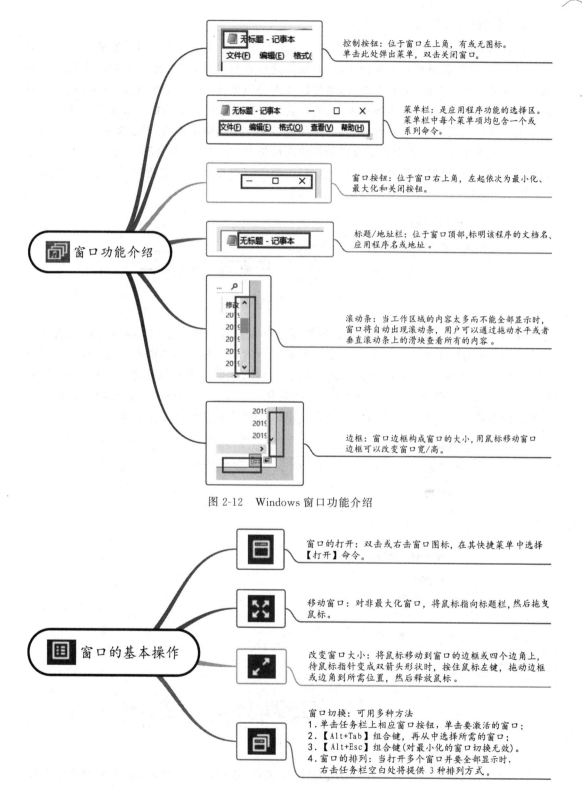

图 2-12　Windows 窗口功能介绍

图 2-13　窗口的基本操作

5. 对话框及其使用

对话框窗口是特殊类型的窗口,Windows 系统为了完成某项任务而需要从用户意向得到更多的信息时,就显示一个对话框,用户根据选项进行选择,之后程序才能继续执行。对话框是系统与用户对话、交互的场所,是窗口界面的重要部分。与常规窗口不同,多数对话框无法实现最大化、最小化或调整大小,但是它们可以被移动。对话框一般在执行菜单命令或单击命令按钮后出现,通常由标题栏、命令按钮、复选框、单选按钮、提示文字、帮助按钮及选项卡等元素组成。当程序需要预置参数或选择带有“...”菜单命令时,系统会弹出一个对话框,对话框是应用程序的参数设置界面,是一个不可改变大小的矩形区域,典型的对话框如图 2-14 所示。

图 2-14　典型的对话框

窗口中的控件元素用途各不相同,例如复选框可以选择多个选项;单选按钮只能选择一个选项;单击命令按钮执行操作。在一些较复杂的对话框中包含的选项较多,无法在同一个窗口中列出,就需要将选项按功能分类,分别纳入某个选项卡标签之下,每一个标签如同菜单栏中的一个菜单。图 2-15 所示的对话框有 5 个选项卡,当前列出的是【常规】选项卡所包含的选项。单击其他选项卡标签则显示出该选项卡所包含的所有选项。

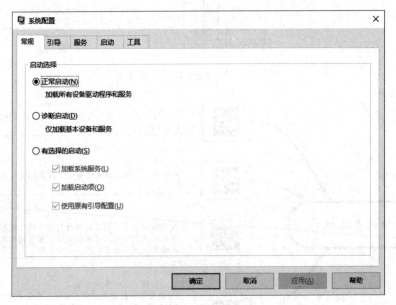

图 2-15　对话框选项

对话框中的基本操作包括在对话框中输入信息、选择选项、使用对话框中的命令按钮等。用户设置完成对话框中的所有选项后,单击【确定】按钮,表示确认所输入的信息和选项,系统就会执行相应的操作,对话框也随之关闭。

6. 窗口的菜单

在 Windows 10 中,菜单是应用程序功能的集合,而程序功能通过选择菜单命令来实现。Windows 采用了多窗口技术,在使用 Windows 操作系统时,桌面上可能会出现多种类型的窗口,如文件夹窗口、应用程序窗口、对话窗口等。

每个窗口的菜单栏上都有若干菜单命令,每个菜单命令又包含若干子菜单命令,选择菜单命令名即可打开相应的下拉菜单。典型的窗口菜单如图 2-16 所示。对菜单的各种操作只能在当前窗口中进行。

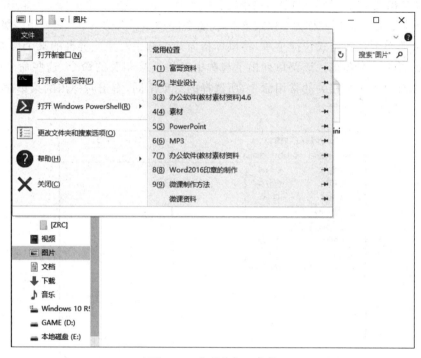

图 2-16　典型的窗口菜单

(1) 菜单命令的说明

选中标志:命令项前带有"√"(复选)或"●"(单选)。

灰色标志:命令项字符变灰,表示该命令当前不能使用。

快捷键(热键)标志:在命令项后标注,可用热键快捷地选择命令,带下画线的字母称为"热键"。菜单项右边有一个顶点向右的黑色三角形的菜单项,表示该菜单还有下一级的级联菜单;命令项的右边还有一个键符或组合键符,则该键符表示快捷键,使用快捷键可以不列出菜单就直接执行相应的命令。例如,应用程序中帮助命令的快捷键一般都是 F1。单击菜单外的任何区域即可退出菜单。

(2) 菜单命令的选项

省略号标志:命令项后带▼,表示该命令项下还有子菜单,表示该命令项将打开对话框。鼠标选择,单击菜单命令▼即打开一个下拉式菜单,然后再单击所需命令。

(3) 菜单命令的撤销

单击菜单外的任何地方或按【Esc】键,菜单将自动撤销。

（4）快捷菜单

快捷菜单在 Windows 10 中几乎无处不在，它是窗口菜单的一部分，是与鼠标指向对象的操作最为相关的菜单，右击选中对象后即弹出其快捷菜单。

（5）菜单主要类型

Windows 的菜单主要有下拉式菜单和弹出式快捷菜单两种类型。

Windows 有许多命令，为了便于使用，命令按功能分组，分别放在不同的菜单中，每个命令即为一个菜单项。菜单以两种不同形式出现。

一种菜单出现在窗口的菜单栏中，菜单的名称和个数是固定的。单击某一个菜单标题后，在其下方拉下来组菜单项，因此称为下拉式菜单，如图 2-17 所示。有的菜单项还有下一级菜单。

另一种菜单则是弹出式快捷菜单，将鼠标指向某个选中对象或屏幕的某个位置后右击，窗口中立即弹出一个菜单。该菜单列出了与选中对象直接相关的命令，这些命令是针对用户当前操作对象的一组相关的常用命令，所选择的对象不同，右击时弹出的菜单命令内容也不同，如图 2-18 所示。

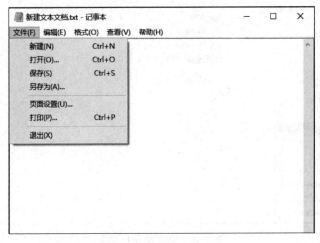

图 2-17　下拉式菜单

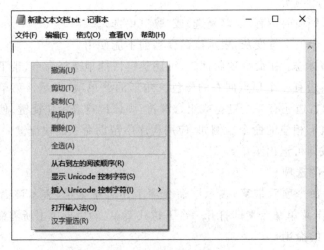

图 2-18　弹出式快捷菜单

如果菜单命令旁带有"..."，则表示选择该命令将弹出一个对话框，用户需输入必要的信息或做进一步选择。

7. 剪贴板的使用

剪贴板是 Windows 10 中文件之间信息传递的临时存储区。剪贴板中的信息可以是文字图像、声音等。通过剪贴板可以将其中的信息粘贴到另一个文件中，或作为一个新文件保存。对剪贴板的操作主要有复制、剪切和粘贴 3 种。

（1）将信息复制到剪贴板

首先选定要复制的对象，然后选择【编辑】→【剪切】（【Ctrl＋X】）或【复制】（【Ctrl＋C】）命令。【剪切】命令是将选定的信息复制到剪贴板上的同时删除被选对象；【复制】命令则仅将选定的信息复制到剪贴板中。

（2）粘贴剪贴板中的信息

首先将光标定位到要粘贴信息的位置，然后选择【编辑】→【粘贴】（【Ctrl＋V】）命令即可。剪贴板中的信息允许在不同文件中多次粘贴。

（3）屏幕复制（截屏）

在进行 Windows 操作的过程中，任何时候按下【Print Screen】键，都会将当前整个屏幕信息以图片的形式复制到剪贴板中；任何时候同时按下【Alt】与【Print Screen】键，都会将当前活动窗口中的信息以图片的形式复制到剪贴板中。

8. Windows 10 的"计算机"与 资源管理器

在 Windows 10 中，双击"计算机"图标或按【Win＋E】组合键，即可打开 Windows 10 的资源管理器。资源管理器用于管理计算机所有的资源、浏览或管理外部设备，是访问计算机文件系统的窗口，同时还提供了"动态功能按钮栏"，可以在不同状态下对系统软硬件环境进行设置，如图 2-19 所示。

图 2-19　Windows 10 资源管理器

注：该窗口包含了一个菜单栏、动态的功能按钮、显示计算机的各种存储设备和共享文档等图标的窗格。双击其中的图标即可打开，以进行下一步操作。在该窗口中可以浏览磁盘内容，对磁盘中的文件或文件夹进行创建、移动、删除、重新命名等操作，对磁盘进行包括格式化和复制以及通过选择打开【控制面板】对系统中的硬件和软件进行调整和设置等。

(1) 文件和文件夹概述

文件是计算机处理数据的集合,是 Windows 10 的文件管理基本对象。计算机中所处理的各种文档、图形、图像、声音和视频及其合成等都是以文件的形式存储在磁盘中。

文件是计算机中一个重要的概念,它是操作系统用来存储和管理外存信息的基本单位。计算机中的所有信息都存放在文件中。文件是存放在外存上相关信息的集合,可以是源程序、可执行程序、文章、信函或报表等。文件通常存放在 U 盘或硬盘等磁盘介质上,通过文件名进行管理。

文件是按名称进行存取的,所以每个文件必须有一个确定的名字。文件的名称由文件名和扩展名(后缀)组成,文件名和扩展名之间用一个半角标点“.”隔开。扩展名通常由 1～4 个合法字符组成,文件的扩展名一般用来标明文件的类型。

在对文件进行保存时,一定要注意给出文件名(否则使用系统或软件默认的文件名),选择文件的保存位置(否则在当前位置保存)。应用程序创建的文件一般会有相应的后缀(如 Word 文档有“.docx”后缀,录音机程序生成的波形文件有“.wma”后缀),不需要特别指定,除非用户有特别的要求需要选择或输入文件后缀。

文件夹是 Windows 10 文件管理的另一个对象,用于将相关文件保存在一起。文件夹中还可以包含其他文件夹,又称子文件夹。文件夹也叫目录,是文件的集合体,文件夹中可包含多个文件,也可包含多个文件夹。为了便于数据管理,硬盘又分成几个逻辑盘,(例如 C、D 等)来标识。

文件路径是描述文件位置的标识,是操作系统在磁盘上寻找文件时所经历的线路。要指定文件的完整路径,应先输入逻辑盘符号(例如 C、D 或其他),后面紧跟一个冒号“:”和反斜杠“\”,然后依次输入各级文件夹名,前后两个文件夹名中间用反斜杠分隔,例如 C 盘下 Windows 文件夹下的子文件夹 system 下有一个文件“file.exe”,此文件的完整路径为 C:\Windows\system。

(2) 文件和文件夹的命名规则

文件和文件夹必须命名。文件命名包括文件名和扩展名两部分,文件夹名通常没有扩展名。Windows 10 支持长文件名,但其路径和文件名总长度不能超过 260 个字符,文件名中不允许出现?、/、*、<、>等符号。

(3) 文件的存储路径

文件的存储路径(简称路径)是文件管理的一大要素。为了保存、运行或打开一个文件,必须指定该文件的存储位置,即文件的路径。路径从驱动器开始称为绝对路径,从当前文件夹开始称为相对路径。例如,C:\Program Files\Microsoft Office\Word.exe 是绝对路径。

(4) 文件类型的约定

文件的扩展名用于表示文件的类型,反映文件的格式。表 2-3 列出了常见文件的类型。

9. 文件和文件夹的基本操作

(1) 文件或文件夹的选择与取消选择操作

- 选择单个文件或文件夹:单击要选定的文件或文件夹。
- 选择多个连续文件或文件夹:按住【Shift】键,然后单击要选择的所有项。
- 选择多个非连续文件或文件夹:按住【Ctrl】键,然后单击要选择的每一项。
- 全选:选择【编辑】→【全部选定】命令或用【Ctrl＋A】组合键选择所有项。

表 2-3 常见文件的类型

扩展名	类型	图标	扩展名	类型	图标
.docx	Word 文件		.txt	文本文件	
.xlsx	Excel 文件		.rar	RAR 压缩文件	
.pptx	PowerPoint 文件		.bmp	位图图像文件	

- 反向选择：选择【编辑】→【反向选择】命令，选择原来未选择的文件。
- 取消选择：单击窗口空白位置即可，或按住【Ctrl】键不放，单击要取消的文件或文件夹。

（2）文件或文件夹的打开或关闭操作

文件的打开：双击文件名/图标，Windows 10 将启动相关应用程序并在该应用程序窗口中打开该文件。

文件夹的打开：双击要打开的文件夹，在窗口的工作区窗格中显示该文件夹的内容（其包含的文件和子文件夹）。

（3）创建、复制、移动文件或文件夹

① 文件或文件夹的创建。Windows 的【文件】菜单的【新建】命令可以新建空文件（结构），但其内容需要在对应的应用程序下才能创建。因此，通常是先启动应用程序再创建文件。创建文件夹时，先选中保存文件夹的位置，打开【文件】→【新建】→【文件夹】，然后输入新文件夹的名字，按【Enter】键即可。

② 文件或文件夹的复制。首先单击要复制的文件或文件夹，然后选择【编辑】→【复制】命令，定位于目标位置，最后选择【编辑】→【粘贴】命令即可完成文件（夹）的复制。也可用【Ctrl+C】和【Ctrl+V】组合键完成文件（夹）复制。

③ 文件与文件夹的移动。首先单击要移动的文件或文件夹，然后选择【编辑】→【剪切】命令，定位于目标位置，最后选择【编辑】→【粘贴】命令即可完成文件（夹）的移动。也可用【Ctrl+X】和【Ctrl+V】组合键完成文件（夹）的移动。

（4）删除文件或文件夹

① 使用键盘命令删除：选择要删除的文件或文件夹，然后按【Del】键删除；

② 使用菜单删除：单击要删除的文件或文件夹，选择【文件】→【删除】命令；

③ 使用快捷菜单：右击要删除的文件或文件夹，从快捷菜单中选择【删除】命令；

④ 使用鼠标拖动：直接将要删除的文件或文件夹拖曳到桌面上的【回收站】中。

（5）重命名文件或文件夹

① 在文件或文件夹名处单击两次（间隔稍长），在呈现的文框中改名后按【Enter】键；

② 选中要更名的文件或文件夹，选择【文件】→【重命名】命令，改名后按【Enter】键；

③ 右击需要更名文件或文件夹，从菜单中选择【重命名】命令，改名后按【Enter】键。

（6）文件或文件夹的属性与设置

文件或文件夹属性是系统为文件或文件夹保存目录信息的一部分。文件或文件夹属性对话框中一般可以显示文件类型、位置、大小、创建时间和占用空间等信息。图 2-20 和图 2-21 分别是文件和文件夹属性对话框。

图 2-20　文件对话框　　　　　　　图 2-21　文件夹属性对话框

文件及文件夹的只读、隐藏和存档三种属性可根据需要进行设置，【存档】属性需要在其【高级属性】对话框中设置。

只读：设置了【只读】属性后，只能进行阅读操作，而不能修改和删除。

隐藏：设置了【隐藏】属性后，该文件或文件夹通常不显示。

存档：该文件自上次备份以后被修改过，为一般的可读写文件。

2.3　Windows 基本操作

学习要求

（1）能够正确对 Windows 10 进行启动和退出操作；

（2）能够使用 Windows 10 文件资源管理器对文件进行选定、移动、复制等操作；

（3）掌握 Windows 10 系统环境设置功能对系统的时间进行修改。

2.3.1　Windows 的启动和退出

Windows 操作系统是用户和计算机的接口，为用户提供了使用和管理计算机资源的大量命令，这些命令都是以图形界面方式提供给用户，使用非常方便。

1. 启动 Windows

如在计算机上已经成功安装了 Windows 10 操作系统,在接通电源后,首先进行系统自检,如果没有问题,即可自动启动 Windows 10 操作系统,用户可按屏幕上出现的提示进行启动时的各项操作。启动成功后,选择用户账户进行登录,如图 2-22 所示,屏幕上将显示此用户设置的 Windows 10 的桌面。

在系统启动过程中,按【F8】键,可进入安全模式设置。安全模式是 Windows 用于修复操作系统错误的专用模式,是一种不加载任何驱动的最小系统环境,用安全模式启动计算机,可以方便用户排除问题,修复错误。

2. 退出 Windows

完成计算机的操作后需要对计算机进行关机的操作,切忌直接关闭电源。单击【开始】→【电源】→【关机】按钮,计算机就会自动关闭。关机操作中计算机不会自动保存文件,因此需确认保存文件之后再关机。【切换用户】按钮,可以在当前用户程序和文件都不关闭的情况下,切换到其他用户对计算机进行操作。选择【注销】命令,可关闭当前用户程序,结束当前用户的 Windows 对话。

3. Windows 中汉字输入方式的启动和汉字输入方法

在安装 Windows 操作系统时,已经自动将常用的汉字输入法安装完成,并在桌面底部右边显示语言栏。语言栏是一个浮动的工具条,单击语言栏上表示语言的按钮或表示键盘的按钮,打开如图 2-23 所示的输入法列表,可在列表中选择需要的输入法。

图 2-22　账户登录界面

图 2-23　输入法列表

当切换到某种汉字输入法时,窗口中会出现相应的输入法状态框,可以单击其中按钮进行全角与半角的切换、打开软键盘等相应操作。也可用快捷键完成以上操作,常用的快捷键如下。

(1)【Ctrl+空格】组合键:在当前正在使用的汉字输入法和英文输入法之间进行切换。

(2)【Ctrl+Shift】组合键:在已安装的所有输入法之间顺序进行切换。

4. Windows 工具栏、任务栏的操作

(1) 工具栏的操作

大多数程序包含几十个甚至几百个使程序运行的命令(操作),其中很多命令在菜单或功能区下,只有打开菜单或功能区,里面的命令才会显示出来。为了方便用户的操作,通常

会将常用命令一直在 Windows 的窗口中显示，这些命令通常是以按钮形式放在工具栏中。例如打开 Word 2016，标题栏左边显示【快速访问工具栏】，如图 2-24 所示，单击工具栏右边的向下按钮，会显示一个下拉菜单，用户可以根据需要在此设置显示哪些工具按钮，也可以自定义【快速访问工具栏】。

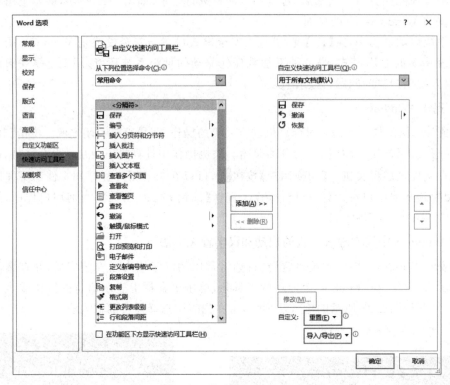

图 2-24　快速访问工具栏

（2）任务栏的操作

任务栏位于桌面的底部，如图 2-25 所示。一个应用程序的窗口被打开，任务栏中就有代表该应用程序的图标和名称的按钮出现，该窗口被最小化后，任务栏中仍然留有代表它的图标和名称的按钮。用鼠标单击此按钮就可使它恢复成原来的窗口。

图 2-25　任务栏

Windows 是多任务操作系统，设置任务栏的目的是使多个应用程序之间的切换变得更加方便。窗口切换成当前任务窗口（与用户正在进行交互的窗口就是当前任务窗口或当前活动窗口），像在电视机上切换电视频道一样方便，如要将某个应用程序启动，只需单击任务栏上相应的按钮即可。另外还可以使用【Alt＋Tab】组合键切换任务窗口。

① 任务栏按钮的显示方式。任务栏按钮的显示方式较多，包括是否显示按钮标签、是否合并按钮等，在任务栏的空白处单击可以根据自己的喜好进行设置。在任务栏的空白处右击，打开【任务栏】菜单属性对话框，如图 2-26 所示，在对话框中部的【任务栏】按钮下拉列表中选择所需选项即可。

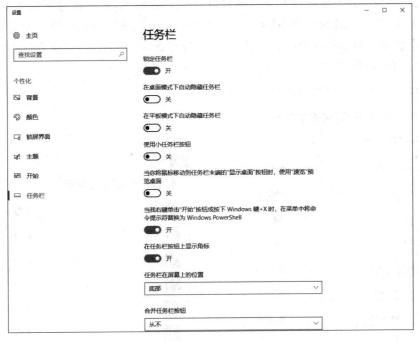

图 2-26 【任务栏】菜单属性

若要重新排列任务栏上程序按钮的顺序,可以直接用鼠标将按钮从当前位置拖动到任务栏上的其他位置。

② 将程序锁定到任务栏。如果需要将常用程序的快捷方式图标一直放在任务栏中,可以右击任务栏上此程序对应的图标,在弹出的快捷菜单中选择【将此程序锁定到任务栏】,即便这个程序关闭,程序按钮也会显示在任务栏上,方便用户快速打开。也可用同样的方法将锁定的程序解锁。

在桌面上打开多个窗口的情况下,可以使用任务栏快速查看其他打开的窗口。将鼠标指向正在运行的程序的任务栏图标时,将看到当前已被该程序打开的所有项目的缩略图视图。单击缩略图可使该窗口成为当前窗口在桌面显示。

③ 使用任务栏上的跳转列表。右击任务栏上的按钮,会显示此程序的跳转列表,最近使用此程序打开过的所有文档都会以列表的形式显示出来。具体见本节"Windows【开始】菜单的定制"。

④ 自定义任务栏上的通知区域。通知区域位于任务栏的右侧,除了包含时钟、音量、网络连接等系统图标外,还包含一些程序图标,这些程序图标提供有关接收邮件、更新、安全和维护等事项的状态和通知。初始时,系统通知区域已经有一些图标,安装新程序时,有时会自动将此程序的图标添加到通知区域。用户可以根据自己的需要设置将哪些图标关闭、可见或隐藏。

先打开【任务栏】菜单属性对话框,如图 2-26 所示。单击【通知区域】→【自定义】按钮,打开【通知区域】图标窗口,如图 2-27 所示。

用户可以在此设置哪些通知图标可见,哪些图标隐藏到溢出区域。当单击任务栏通知区域左边的隐藏按钮,溢出区中的通知图标便会显示出来。

单击【打开或关闭系统图标】,弹出的窗口如图 2-28 所示,在该窗口可以将不需要的系统通知图标关闭。例如【操作中心】是一个收集有关安全和维护设置的重要通知消息程序,系统默认会将图标显示在通知区域,如果不希望被打扰,不希望以后再查看这些消息,可以将【操作中心】设置为"关"。

图 2-27　通知区域图标

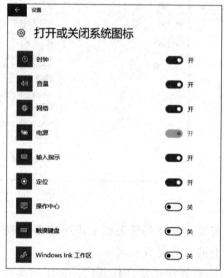

图 2-28　打开或关闭系统图标

⑤ 任务栏的移动、调整和隐藏。Windows 10 启动后,任务栏一般位于桌面屏幕的底部,但是任务栏的大小、位置并不是固定不变的。打开如图 2-26 所示的【任务栏】和【开始】菜单属性对话框,在此可以设置任务栏显示位置、是否自动隐藏任务栏或锁定任务栏。如果任务栏没有锁定,也可以用鼠标拖动任务栏,还可以用鼠标指针拖动任务栏的边缘来改变其高度。

⑥ 打开任务管理器。将鼠标光标移至任务栏空白处右击,在弹出的快捷菜单中选择【任务管理器】即可打开如图 2-29 所示的【任务管理器】窗口。Windows 10 的任务管理器提供有关计算机性能的信息,并显示计算机上所运行的程序和进程的详细信息,用户可以通过任务管理器中断进程或结束程序。

将鼠标移至任务栏空白处右击,在弹出的快捷菜单中选择相应命令可以设置层叠、堆叠和并排显示等方式同时显示多个应用程序窗口。

单击任务栏右侧的【显示桌面】按钮可以显示桌面内容。

5. Windows【开始】菜单的定制

(1) 自定义【开始】菜单右侧窗格的内容

【开始】菜单右侧窗格中列出了部分 Windows 的项目链接,默认情况下,最常用的应用、最近添加的应用都会显示在该菜单下。用户也可以根据自己的需要添加或删除这些项目并

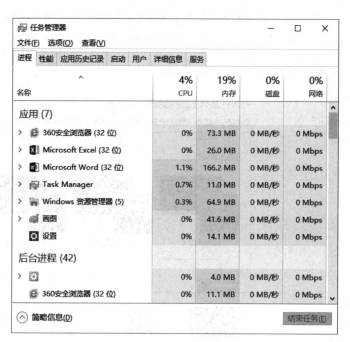

图 2-29　任务管理器

定义其外观,具体操作如下。

　　① 打开【任务栏】和【开始】菜单属性对话框。

　　② 打开【开始】菜单选项卡,如图 2-30 所示,单击【个性化】按钮。

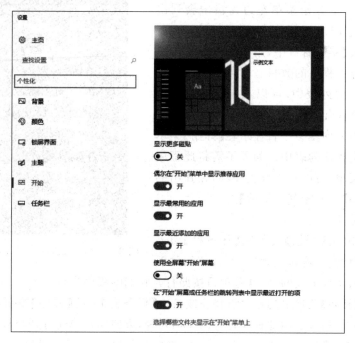

图 2-30　【个性化】对话框

③ 在如图 2-31 所示的自定义【个性化】对话框中，选择所需选项及此项目的外观。

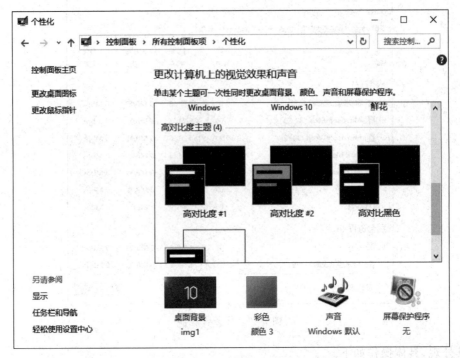

图 2-31　选择选项及此项目的外观

（2）设置【开始】菜单中显示最近打开的程序

Windows 10 的开始菜单左边窗格中会列出用户最近打开过的应用程序列表（如图 2-32 所示）。在【自定义】菜单窗口中，用户可以设置要显示的最近打开过的程序的数目。如果需要将某个程序固定显示在此列表中，可以右击【开始】菜单中【此程序】，在弹出的快捷菜单中选择【附到开始】菜单，这个程序项就会一直显示在【开始】菜单左边窗格的固定程序列表中。如果不需将此程序固定到【开始】菜单，可以右击此程序项，在弹出的快捷菜单中选择【从开始菜单解锁】。

（3）跳转列表

Windows 10 为【开始】菜单和【任务栏】引入了"跳转列表"概念。"跳转列表"是最近使用的项目列表，如文件、文件夹或网站，这些项目按照打开它们的程序进行组织。

图 2-32　用户最近打开过的应用程序列表

鼠标指向【开始】菜单上的程序链接项或右击【任务栏】上的【程序】按钮，均会打开跳转列表。列表上列出最近使用此程序打开的文档列表，方便用户快速打开经常操作的文件。

注意：在【开始】菜单和任务栏上的程序"跳转列表"中将出现相同的项目。

6. Windows 10 快捷方式的创建、使用及删除

快捷方式可以和用户界面中的任意对象相连。快捷图标是一个连接对象的方式,用一个左下角带有弧形箭头的图标表示。图标不是这个对象本身,而是指向这个对象的指针。

创建文件或文件夹的快捷方式方法如下。

在【资源管理器】或【计算机】窗口中,选定要创建快捷方式的对象,如文件或打印机等,然后右击对象打开快捷菜单,单击其中的【创建快捷方式】,即可在当前位置创建所选对象的快捷图标。要把快捷图标创建在桌面上,可以选择快捷菜单中的【发送到】→【桌面快捷方式】命令。

注意:快捷方式图标一般放在桌面上,删除快捷方式图标不会删除对象本身。有时用户会把常用文件粘贴或复制到桌面上,便于调用,当用户删除桌面上此文件时,此文件就被放入了回收站中,与删除对象的快捷方式是不同的。

7. Windows 10 中的命令行方式

要在 MS-DOS 模式下执行命令,需要切换到 MS-DOS 模式下:右击【开始】→【运行】→输入 CMD,即可切换到 MS-DOS 模式下,如图 2-33 所示。

图 2-33　MS-DOS 模式

2.3.2　Windows 文件资源管理器

资源管理器是 Windows 10 中的专用工具。使用资源管理器可以迅速地对磁盘上的所有资源、文件夹和文件的各种信息进行操作,例如可以进行复制、移动、重新命名以及搜索文件和文件夹等。

1. 资源管理器窗口的组成

(1)资源管理器的启动

右击【开始】按钮,在弹出的快捷菜单中单击【文件资源管理器】按钮即可启动资源管理器。

(2)资源管理器窗口的组成

默认情况下打开的资源管理器窗口,如图 2-34 所示。

地址栏:地址栏中显示当前打开的文件夹路径。每一个路径都由不同的按钮连接而成,单击这些按钮,就可以在相应的文件夹之间进行切换。

搜索框:资源管理器窗口中的搜索栏与【开始】菜单中的搜索框在使用方法和作用上相同,都具有在计算机中搜索文件和程序的功能。

工具栏:工具栏用于显示与当前窗口内容相关的一些常用工具按钮,打开不同的窗口或在窗口中选择的对象不同,工具栏中显示的工具按钮也不同。

窗口工作区:用于显示当前窗口的内容或执行某项操作后显示的内容。内容较多时,

图 2-34　资源管理器窗口

会出现垂直或水平滚动条。

　　窗格：资源管理器窗口中有多种类型的窗格，可打开或关闭某个同类型的窗格。

2. Windows 10 文件夹与文件的使用及管理

通过资源管理器窗口，可对文件夹及文件进行创建、移动、复制等各项操作。

（1）文件命名规则及长文件名

Windows 10 文件命名时，允许最多使用 255 个字符。用长文件名命名可以更好地将文件从名字上进行区分，便于记忆和调用，文件名中不能包含 / 、\ 、* 、: 、？、"、＜、＞等符号。

（2）创建新的文件夹及文件

可在资源管理器窗口中文件夹的任意位置建立一个新的文件夹或文件。操作方法是在当前文件夹窗口中使用菜单命令【文件】→【新建】→【文件夹】或某一类型文件，也可以在文件夹窗口工作区空白处右击，在弹出的快捷菜单中选择【新建】命令。

（3）选择文件或文件夹

在对文件或文件夹进行进一步的操作前，都要先将其选定。选择文件夹与选择文件操作相同，用鼠标选定文件的方法如下。

选择单个文件：用鼠标单击所选的文件的图标及名字。

选择多个文件：选择一组连续排列的文件时先单击要选择的第一个文件，然后按住【Shift】键，移动鼠标指针至要选择的最后一个文件并单击，再释放【Shift】键，一组文件即被选定。选择不连续排列的多个文件时按住【Ctrl】键，逐个单击要选择的文件即可。

选择全部文件：从资源管理器菜单栏中选择【主页】→【选择】→【全部选择】，即可全部选定。

取消已选定的文件：如在已选定的文件中，要取消一些项目，可按住【Ctrl】键，单击要取消的项目；如要全部取消，则只需单击窗口中的空白处即可。

反向选择：在选择某些文件后，要选择未被选择的所有文件，可在菜单栏中选择【主页】→【反向选择】。此项操作用于不需选择的文件比要选择的文件少的情况，其操作较快。

（4）移动与复制文件及文件夹

文件的移动：首先选择要移动的文件或文件夹，再按住【Shift】键，用鼠标拖动选定内容到目标位置。如在同一个逻辑盘上的文件夹之间移动文件，则在拖动时不必按住【Shift】键。

文件的复制：首先选择要复制的文件或文件夹，再按住【Ctrl】键，用鼠标拖动选定内容到目标位置。如在不同逻辑盘上的文件夹之间复制文件，则在拖动时不必按住【Ctrl】键。

文件的剪切与粘贴：选定所需移动或复制的文件，打开资源管理器菜单栏中的【编辑】菜单，对文件移动或复制，分别选择【剪切】或【复制】命令，单击目标文件夹，此时该文件夹呈反向显示状态，重复上述【编辑】→【粘贴】命令，单击后即完成文件的移动或复制，以上操作也可用快捷菜单实现。

文件夹移动与复制操作与文件操作相同。如果资源管理器窗口的菜单栏没有打开，也可使用工具栏上【组织】按钮下的【剪切】【复制】【粘贴】等编辑命令。

（5）删除文件或文件夹

如要对不再使用的文件或文件夹进行清理，可使用以下删除文件或文件夹的方法。

选择资源管理器窗口菜单栏上的【文件】→【删除】命令，可删除从文件夹中选定的文件夹或文件。

右击要删除的文件夹或文件，在随后出现的快捷菜单中，选择【删除】命令。

（6）文件或文件夹重命名

选中要重命名的文件或文件夹图标，再次单击文件夹或文件名，此时被选中的文件或文件夹名被加上了矩形框并呈反向显示状态，在此方框中输入新的名字，回车或单击方框外任何地方，即可完成重命名的操作。也可用【组织】→【重命名】或右击文件或文件夹图标，用弹出的快捷菜单实现此操作。

（7）从回收站恢复文件及文件夹

回收站是 Windows 10 开辟的一个用来存放用户删除文件的临时区域。回收站中的文件并没有真正被删除，用户可以随时还原被删除的文件。回收站的主要功能有：保存被删除的文件、永久性删除文件和还原被删除文件。

回收站的位置、容量大小、工作模式、显示等属性可以在其属性对话框中设置。右击【回收站】图标，从其快捷菜单中选择【属性】命令，系统将弹出【回收站 属性】对话框，如图 2-35 所示，可根据实际需要对回收站进行设置。

从系统删除的文件或文件夹，系统默认会将它们放入回收站中，只要不清空回收站，或回收站存储容量未满，用户可以随时从回收站中将删除的文件或文件夹还原到将其删除的位置，因此，回收站起到保护误删信息的作用。删除文件或文件夹时同时按下【Shift】键，此文件或文件夹将直接从硬盘删除，不会放入回收站中，此时删除的内容不能再恢复。还原文件、清空回收站等操作可以在"回收站"窗口中操作。双击桌面上的【回收站】图标可打开"回收站"窗口，如图 2-36 所示。

① 还原文件。在【回收站】窗口中，选定要还原的文件，单击此窗口工具栏的【还原选定的项目】按钮，系统即将文件从回收站还原到原来所处的位置；也可以选定要还原的文件，右击，在弹出的快捷菜单中，选择【还原】命令；或者用剪切和粘贴的方法将文件从【回收站】还原到适当的文件夹中。

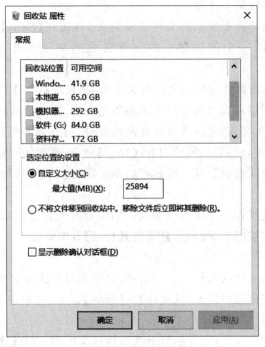

图 2-35　回收站属性

图 2-36　打开"回收站"窗口

　　② 清空"回收站"。在【回收站】窗口的菜单栏中,选择【文件】菜单,再从其菜单选项中选定【清空回收站】选项,则回收站内容被消除干净;也可选择工具栏中的【清空回收站】按钮。从回收站清除的信息是永久性的删除,不能再恢复,清理前应慎重。

　　可在【回收站 属性】对话框中设置删除的文件不放入回收站。右击桌面上【回收站】图标,在快捷菜单上选择【属性】选项,打开【回收站 属性】对话框,如图 2-37 所示。选定"不将文件移到回收站中。移除文件后立即将其删除",则删除的文件将不放入回收站而直接被删除。在此窗口中还可以调整回收站在磁盘中存储容量的大小。

图 2-37　设置回收站选项

（8）查看对象属性

① 查看计算机系统的属性。在资源管理器左侧窗口选定【此电脑】图标，选择工具栏上【系统属性】命令，出现如图 2-38 所示的对话框，显示操作系统版本、处理器性能指标及内存容量等重要信息。

图 2-38　查看对象属性

② 查看磁盘驱动器属性。在资源管理器左侧窗口中选定某个逻辑盘，右击磁盘驱动器按钮下的【属性】按钮，即出现如图 2-39 所示的对话框。对话框中有【常规】【工具】等标签。

选择【常规】标签按钮，出现的窗口显示逻辑盘的卷标、总容量、已用空间及剩余可用空间；选择【工具】标签按钮，可进行查错及碎片整理。

图 2-39   查看磁盘驱动器属性

③ 查看文件及文件夹属性。在资源管理器中选定要查看的文件或文件夹，选择工具栏上的【组织】→【属性】命令，即出现【文件】或【文件夹】的属性对话框，其中有文件或文件夹名、类型、大小、创建、修改及访问时间等信息。在对话框的下部有属性框，如只读、隐藏或存档属性，可以单击来改变文件或文件夹属性。用户建立的文件默认具有的属性是存档属性。

选择资源管理器菜单栏的【文件】→【属性】选项命令，也可以了解计算机硬件设置、磁盘驱动器当前状况、文件及文件夹等的属性。

（9）调整显示环境

用户可以调整文件夹内容窗口工作区的显示环境，对文件进行各种处理和控制文件的显示方式，常见的操作如下。

① 调整对象的显示方式。在资源管理器的右侧窗口中可以对所显示的当前文件夹中的子文件夹和文件信息的显示方式进行调整。单击资源管理器窗口工具栏的【视图】按钮右侧的下三角按钮，在弹出的菜单中显示超大图标、大图标、中图标、小图标、列表、详细信息、平铺和内容 8 种显示方式，可根据需要进行选择。当对象个数超出显示窗口范围时出现水

平滑动条或垂直滚动条,可以通过移动左右或上下滚动条显示其他的对象信息。

② 调整窗口及显示环境。将鼠标指针置于资源管理器各窗格之间的分隔条上,鼠标指针变成双箭头形,按住鼠标左键,左右或上下拖动,即可改变各窗格的宽度和高度。

单击资源管理器窗口菜单栏中的【查看】→【状态栏】,此命令项左侧出现"√"标志,在资源管理器底部即显示状态栏。再次选择此命令,"√"标志消失,状态栏也就被隐藏。

选择资源管理器菜单栏的【查看】→【刷新】命令选项,将当前文件夹树的结构和文件夹中的内容更新为调整变动后的情况。

③ 文件夹和文件的排序。在资源管理器的右侧窗口中,可以按文件类型、文件的字节大小、修改日期以及文件名的升序或降序 4 种不同方式进行显示。要实现排序,选择资源管理器菜单栏的【查看】→【排序方式】命令,出现一个级联菜单,其 4 个选项分别为【名称】【修改日期】【类型】和【大小】,从中选定一种,系统即按选定的方式排列文件夹和文件。也可用鼠标指向文件夹内容窗口工作区空白处右击,在弹出的快捷菜单中选择排序方式进行设置。

(10) 查找文件、文件夹和应用程序

在资源管理器窗口可以用搜索框快速查找文件夹或文件。在搜索框中输入要搜索对象的名字后,资源管理器右侧内容窗口中即会显示出对象名中包含此关键字的所有文件或文件夹。如果要更快速搜索到所需要的对象,也可以用搜索筛选器按照种类、修改日期、类型、名称等条件进行搜索,出现如图 2-40 所示的对话框。

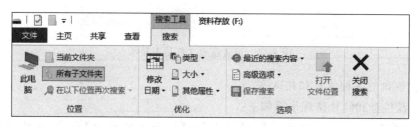

图 2-40 查找文件、文件夹和应用程序

当文件夹或文件名不确定时,可以用通配符代替。Windows 中常用"＊"和"?"两个通配符,"＊"代表任意的多个字符,"?"代表任意的单个字符。也可右击【开始】→【搜索】查找系统中的文件或文件夹。

(11) 设置隐藏文件是否显示

Windows 10 资源管理器中管理的文件,有些是系统必需的,不能删除,否则将导致系统无法正常工作。为了避免将文件误删,可以将这些文件和文件夹设置为【隐藏】属性。选择资源管理器窗口菜单栏中的【文件】→【更改文件夹和搜索选项】,打开【文件夹选项】→【查看】标签,显示出如图 2-41 所示对话框,依次选择【高级设置】→【不显示隐藏的文件、文件夹或驱动器】→【确定】按钮。

3. 磁盘管理

Windows 10 的磁盘管理包括查看磁盘属性、磁盘整理、创建 DOS 启动盘等。

(1) 查看磁盘属性。打开【计算机】窗口,右击要查看的磁盘图标,在弹出的快捷菜单中选择【属性】,打开【本地磁盘属性】对话框。其中包括【常规】【共享】【安全】等 8 个选项卡,从

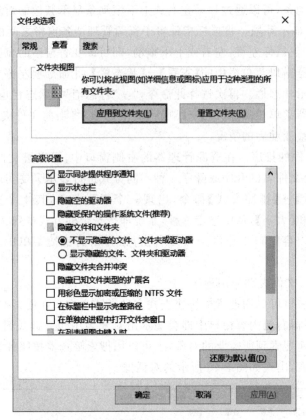

图 2-41　设置隐藏文件是否显示

中可以设置磁盘的各种信息和共享等。

（2）磁盘检查和碎片整理步骤如下。

① 磁盘检查：依次选择【工具】→【检查】→【检查本地磁盘】选项，正确选择后单击【开始】按钮即可。

② 碎片整理：依次选择【工具】→【碎片整理】→【优化】选项，正确选择后单击【开始】按钮即可。

（3）磁盘格式化。磁盘格式化是在磁盘驱动器的所有数据区上写"0"的操作过程，同时对硬盘介质进行检测并且标记出不可读和坏的扇区。磁盘格式化操作必须谨慎，因为格式化后数据将无法恢复。格式化具体方法如下。

① 选定要格式的磁盘（非系统盘）；

② 打开【文件】菜单，选择【格式化】命令（或右击文件夹窗口磁盘图标，从弹出的快捷菜单中，选择【格式化...】命令），如图 2-42 所示，将弹出【格式化...】对话框。

在该对话框中，被格式化硬盘的"容量""文件系统"和"分配单元大小"等信息一般无须改动，用户可由【文件系统】的设置来改变磁盘格式。"快速格式化"功能是重写引导记录、不检测磁盘坏簇、数据区不变，快速格式化后的硬盘可以通过技术手段进行恢复。正常格式化将重写引导记录，重新检查标记坏簇，其余表项清零，清空根目录表，对数据区清零。

图 2-42　磁盘格式化命令

2.3.3　Windows 系统环境设置

Windows 在安装系统时，一般都给出了系统环境的最佳设置，但也允许用户对各个对象的参数进行调整和重新设置，这些功能主要集中在【控制面板】窗口中。在这个窗口中，显示了配置系统参数的各种功能，如图 2-43 所示。

Windows 系统
环境设置

图 2-43　控制面板

1．Windows 控制面板的启动

用鼠标双击桌面上的【控制面板】图标，即可打开窗口。

2．Windows 中时钟、语言和区域设置

在【控制面板】窗口中单击【时钟、语言和区域】，屏幕上将显示【时钟、语言和区域】对话框，在此可设置系统日期和时间、调整其格式等，如图 2-44 所示。

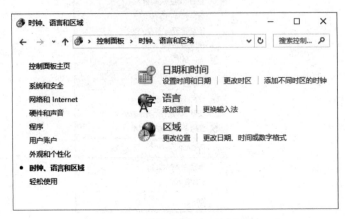

图 2-44　时钟、语言和区域窗口

（1）日期和时间设置

在图 2-44 所示【时钟、语言和区域】对话框中，单击【设置时间和日期】按钮，可以打开【日期和时间】设置对话框，如图 2-45 所示，在此可以调整系统的日期和时间。单击【更改时区】按钮，可以设置某地区的时区。

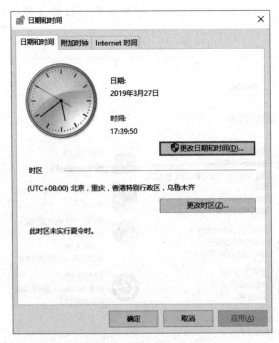

图 2-45　日期和时间窗口

（2）语言设置

在图 2-44 所示的【时钟、语言和区域】窗口中,单击"语言",打开【语言】→【键盘和语言】→【更改键盘】→【文本服务和输入语言】窗口,在此可以添加和删除输入语言、设置默认输入语言、设置是否在桌面显示语音栏等。

3. Windows 中程序的添加和删除

单击【控制面板】→【程序】图标,就会出现如图 2-46 所示的对话框窗口,在此窗口中可以选择卸载程序、查看更改等功能,单击【程序和功能】,在该窗口中可对已经安装的程序选择卸载或更改。

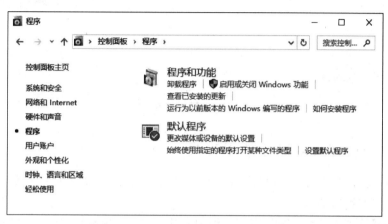

图 2-46　Windows 中程序的添加和删除

4. Windows 显示属性的设置

在【控制面板】窗口中,选择【外观和个性化】,弹出如图 2-47 所示的窗口,选择【显示】,即弹出如图 2-48 所示的【显示】窗口。在此窗口可完成调整分辨率、设置桌面背景、更改显示器设置等功能。

图 2-47　外观和个性化窗口

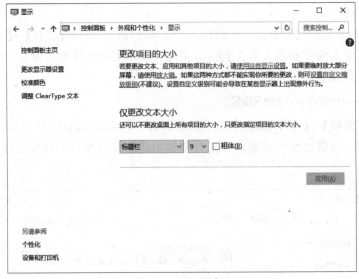

图 2-48 【显示】窗口

2.3.4 Windows 附件常用工具

Windows 系统中带有一些常用的系统工具和实用工具软件，打开【开始程序】→【附件】，可以方便地启动这些工具。

在附件的【管理工具】菜单下，有多个维护系统的强大功能程序，如图 2-49 所示。

图 2-49 Windows 的管理工具

常用功能程序如下。

（1）磁盘清理

可以对一些临时文件、已下载的文件等进行清理，以释放磁盘空间。

（2）碎片整理和优化驱动器

整理磁盘的碎片以加快文件读取速度，提高系统性能。

（3）性能监视器

能对一般操作系统性能主要涉及的处理器使用情况、内存占用情况、磁盘 I/O 操作以及网络流量等进行监视。

（4）系统信息

可以查看当前使用系统的版本、资源使用情况等信息。

2.4　Windows 10 常用附件及文件压缩与解压缩

学习要求

（1）掌握 Windows 10 附件中记事本、写字板、画图、计算器等常用工具的基本操作；

（2）掌握 WinRAR 的基本功能，会对文件进行压缩及解压缩。

2.4.1　Windows 10 常用附件

1. 记事本

启动附件中的"记事本"程序，窗口如图 2-50 所示。"记事本"是 Windows 10 自带的一个用来创建简单文档的基本文本编辑器。"记事本"常用来查看或编辑纯文本（.txt）文件，是创建 Web 页的简单工具。因为"记事本"仅支持文本格式，所以不能在纯文本的文档中设置特殊的格式。

2. 写字板

"写字板"是一个功能比"记事本"稍强的文本处理工具，它接近标准的文字处理软件，是适用于短小文档的文本编辑器，在"写字板"程序中可用各种不同的字体和段落样式编排文档，

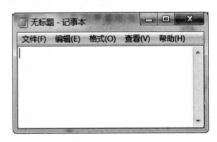

图 2-50　记事本

还可插入图片等对象。所编辑的文本存档时的默认扩展名为".rtf"，写字板窗口如图 2-51 所示。

3. 画图

启动附件中的"画图"工具，显示如图 2-52 所示的窗口。"画图"是一个简单的图像绘画程序，是微软公司 Windows 10 操作系统的预装软件之一。"画图"程序是一个位图编辑器，可以对各种位图格式的图画进行编辑，用户可以自己绘制图画，也可以对扫描的图片进行编辑修改。编辑完成后，可以以 JPG、GIF 等格式存档。用户还可以将其发送到桌面或其他文档中。

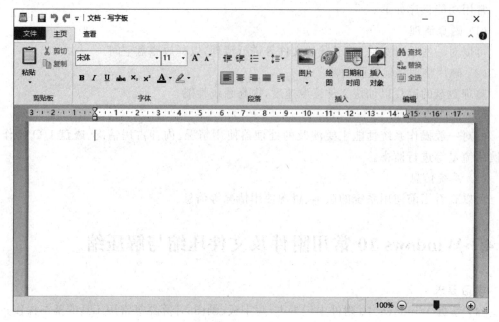

图 2-51　写字板

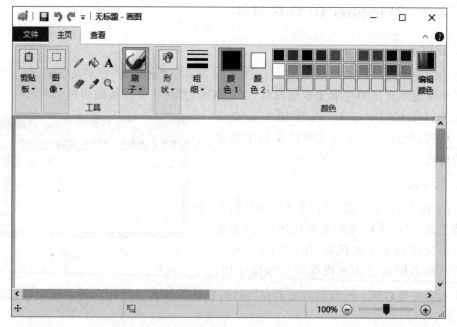

图 2-52　画图

下面简单介绍"画图"程序界面的构成。

（1）标题栏

标题栏区域标明了用户正在使用的程序和正在编辑的文件，如图 2-53 所示。

（2）菜单栏

菜单栏区域提供了用户在操作时要用到的各种命令，如图 2-54 所示。

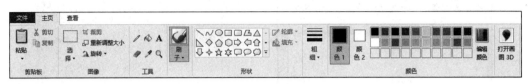

图 2-53　标题栏

图 2-54　菜单栏

（3）工具箱

工具箱包含了 16 种常用的绘图工具和一个辅助选择框，为用户提供多种选择，如图 2-55 所示。

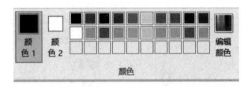

图 2-55　工具箱

（4）颜料盒

颜料盒由显示多种颜色的小色块组成，用户可以随意改变绘图颜色，如图 2-56 所示。

图 2-56　颜料盒

（5）状态栏

状态栏的内容随光标的移动而改变，标明了当前鼠标所处位置及快速调整视图的大小，如图 2-57 所示。

＋ 225，99像素　　　100% ⊖ ━━━━◆━━━ ⊕

图 2-57　状态栏

（6）绘图区

绘图区处于整个界面的中间，为用户提供画布，如图 2-58 所示。

4. 计算器

Windows 10 "计算器"应用是 Windows 早期版本中桌面计算器的兼容触摸版本，并且同时适用于移动设备和桌面设备。可以在桌面上同时打开多个可重新调整窗口大小的计算器，并且可以在标准型、科学型、程序员、日期计算和转换器模式之间进行切换。选择【开始】按钮■→【计算器】按钮▦，即可打开计算器，如图 2-59 所示。

图 2-58　绘图区　　　　　　　　　　图 2-59　计算器

（1）切换模式

计算器包括适用于基本数学的"标准型"模式、适用于高级计算的"科学型"模式、适用于二进制代码的"程序员"模式、适用于日期处理的"日期计算"模式和适用于转换测量单位的"转换器"模式。选择【打开导航】按钮 ≡ 可以切换模式。当切换模式时，将清除当前计算，但保存"历史记录"和"内存"，如图 2-60 所示。

练习：切换货币模式，1 美元转换人民币（注：本功能需要计算机联网）。

方法：单击 ≡ 按钮切换模式至货币模式→在"美国－元"上方输入"1"，如图 2-61 所示。

图 2-60　切换模式　　　　　　　　　　图 2-61　货币模式

（2）内存

在标准型、科学型和程序员模式中，将数字保存到内存。"历史记录"会存储自打开该应用起所计算的所有等式。

若要将新的数字保存到内存，请选择"MS"；若要从内存中检索该数字，请选择"MR"；若要显示"内存"列表，请选择"M"或调整窗口大小以在一侧显示"内存"和"历史记录"列表；若要加减内存中的某个数字，请选择"M＋"或"M－"；若要清除内存，请选择"MC"。

2.4.2　文件压缩及解压缩

1. WinRAR 的特点

WinRAR 是一种功能强大的数据压缩软件,它提供了 RAR 和 ZIP 文件的完整支持,具有包括强力压缩、分卷、加密、自解压模块、备份简易的功能;能解压 ARJ、CAB、LZH、ACE、TAR、GZ、UUE、BZ2、JAR、ISO 等多种格式的文件。

WinRAR 的优点是压缩率大,速度快,具体有以下几点:①WinRAR 高达 50% 以上压缩率,使其成为压缩/解压 RAR 格式的首选软件;②WinRAR 可以压缩/解压 ZIP 格式的压缩文件;③WinRAR 采用独特的多媒体压缩算法,大大提高了 WAV、BMP 文件的压缩率;④能建立多种方式的多卷自解包,并通过"锁定压缩包"防止人为的添加、删除等操作,以保持压缩包的原始状态;⑤WinRAR 还具有分片压缩、资料恢复、资料加密等功能,并且可以将压缩档案储存为自动解压缩档案,方便他人使用。

2. WinRAR 的使用方法

(1) 安装 WinRAR

多个网站均提供 WinRAR 软件下载。从网站下载 WinRAR 软件并安装后,单击【开始】→【程序】→【WinRAR】启动 WinRAR 软件,如图 2-62 所示。也可以通过右击文件或文件夹,在弹出的对话框中选择【WinRAR】,启动 WinRAR。

图 2-62　启动 WinRAR 软件

(2) 文件或文件夹的压缩

① 默认压缩:右击需要压缩的文件和文件夹,在弹出快捷菜单中选择【添加到'×××.rar'】命令(其中×××表示软件默认的文件名)即可,这是最简单、快捷的压缩模式,如图 2-63 所示。

② 选择压缩:在 WinRAR 窗口的地址栏中选定要压缩的文件和文件夹,单击【工具】按钮,在弹出的【压缩文件名和参数】对话框中作如下选择。

单击【常规】→【浏览】按钮,从弹出的【直接压缩文件】对话框中选择压缩文件位置,打开压缩文件名,在"压缩文件格式"中确定压缩文件的格式,在"压缩方式"中确定压缩方式,选择或输入"压缩分卷大小,字节"值(也可以空缺),在"压缩选项"中确定压缩选项等。

图 2-63　文件夹的压缩

单击【高级】→【设置密码】按钮，从弹出的【带密码压缩】对话框中输入密码，单击【压缩】按钮并在【高级压缩参数】对话框中对压缩参数进行选择。

需要说明的是上述选择应视具体要求操作，尤其是压缩密码特别要记住，忘记则无法解压缩。

（3）添加文件和文件夹到压缩文件中

选择了一个或多个要压缩的文件，在 WinRAR 窗口顶端，单击【添加】按钮或按【Alt＋A】组合键或在命令菜单选择【添加文件到压缩文件…】命令，在出现的对话框中输入目标压缩文件名或是直接接受默认名，再从对话框中选择新建压缩文件的格式（RAR 或 ZIP）、压缩级别、分卷大小和其他压缩参数，最后单击【确定】按钮即可。

把文件和文件夹添加到压缩文件中更为直接的方法是直接拖动文件或文件夹到压缩文件上，此时压缩文件图标变成选中状态，而被拖动的文件或文件夹的图标中出现一个"＋"图形，释放鼠标左键后，即自动完成向压缩文件添加文件或文件夹的操作。

（4）压缩文件的解压缩

压缩文件的解压缩非常方便，右击压缩文件，在弹出的快捷菜单中选择【解压文件…】命令，弹出如图 2-64 所示的对话框。在对话框中进行相应的设置，然后单击【确定】按钮就会解压缩文件。解压缩过程中，有个窗口将会显示操作的状态，如果希望中断解压缩，在命令窗口中单击【取消】按钮即可。也可以单击【后台】将 WinRAR 最小化到任务栏区。

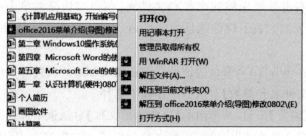

图 2-64　压缩文件的解压缩

第3章

中英文文字录入

本章要点：在计算机被广泛用于社会各行各业的今天，大多数计算机所做的工作是进行信息处理。要进行信息处理，首先要做的工作是把收集的文字资料、数据录入计算机中，计算机涉及信息处理的时候，都必须输入文字，计算机文字录入是计算机使用人员必备的基础知识和基本技能。

本章知识介绍：如何熟练使用键盘，学习正确的文字录入坐姿、指法，记忆主键盘各键的位置，掌握"搜狗输入法"，学会输入单字和词组，学会切换输入法状态。

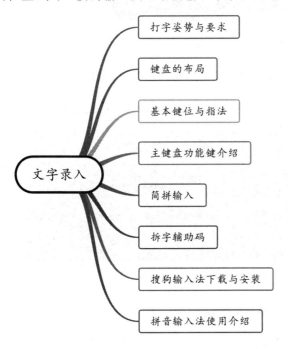

打字姿势与要求

键盘的布局

基本键位与指法

主键盘功能键介绍

文字录入

简拼输入

拆字辅助码

搜狗输入法下载与安装

拼音输入法使用介绍

学习目的

1. 熟悉键盘的布局，掌握主键盘功能键的功能；

2. 掌握正确的打字姿势，提高中英文文字录入的速度。

本章重点

1. 熟悉键盘的布局；

2. 搜狗输入法安装及使用。

3.1　键盘操作与字母数字的录入

学习要求

熟悉键盘的布局；掌握主键盘功能键的功能；掌握正确的打字姿势。

3.1.1　键盘的布局

计算机操作，首先要了解计算机键盘的布局，在熟悉了键盘布局后，应掌握使用键盘时的左右手分工合作、正确的击键方法和良好的操作习惯。通过大量的练习，熟练使用键盘进行计算机应用操作。

目前，个人计算机使用的多为标准 101/102 键盘（见图 3-1）或增强型键盘。

图 3-1　标准 101/102 键盘

增强型键盘只是在标准 101 键盘的基础上增加了某些特殊功能键，如图 3-2 所示。

图 3-2　增强型键盘及键盘的布局

（1）主键盘区

键盘最左侧的键位框中的部分称为主键盘区（不包括键盘的最上一排），主键盘区的键位包括字母键、数字键、特殊符号键和功能键，主键盘区的使用频率非常高。

① 字母键。包括 26 个英文字母键，分布在主键盘区的第二、三、四排。这些键标识着大写英文字母，通过转换可以表示大小写两种状态，控制输入大写或小写英文字符。开机时默认是小写英文字符。

② 数字键。包括 0～9 共 10 个键位,位于主键盘区的最上面一排。数字键均是双字符键,由换挡键【Shift】控制切换,上挡是常用符号,下挡是数字。

③ 特殊符号键。分布在 21 个键位,共有 32 个特殊符号。特殊符号键均标有两个符号,由换挡键【Shift】控制切换。

④ 主键盘功能键。主键盘区内的功能键共有 11 个。其中,有些键单独完成某种功能,有些键需要与其他键配合,即组成组合键,以完成某种功能。

【CapsLock】:大小写锁定键,属于开关键;按下一次可将字母锁定为大写形式,再按一次则锁定为小写形式。

【Shift】:换挡键,一般与其他键联合使用;按下并保持,再按下其他键,则输入上挡符号;不按此键则输入下挡符号。

【Enter】:回车键又称确定键;按下回车键,键入的命令才被接受和执行。在字处理软件中,回车键起换行的作用;在表处理软件中,回车键起确认作用。

【Ctrl】:控制键,一般与其他键联合使用,起某种控制作用。例如,按【Ctrl+C】组合键,用于复制当前选中的内容。

【Alt】:转换键,一般与其他键联合使用,起某种转换或控制作用。例如,按【Alt+F4】组合键,用于关闭当前应用程序的窗口。

【Tab】:制表定位键,在字表处理软件中的功能是将光标移动到预定的下一个位置。

【Backspace】:退格键,每按下一次,将删除光标位置左边的一个字符,并使光标左移一个字符位置。

(2) 功能键区

功能键区位于键盘的最上一排,共有 16 个键位,其中【F1】～【F12】称为自定义功能键。在不同的软件里,每个自定义功能键都赋予不同的功能。

【Esc】:退出键,通常用于取消当前的操作,退出当前程序或退回到上一级菜单。

【Print Screen】:屏幕打印键,单独使用或与【Shift】键联合使用,将屏幕上显示的内容输出到打印机上。

【Scroll Lock】:屏幕暂停键,一般用于将滚动的屏幕显示暂停,也可以在应用程序中定义其他功能。

【Pause Break】:中断键,此键与【Ctrl】键联合使用,可以中断程序的运行。

(3) 编辑键区

编辑键位于主键盘区与小键盘区中间的上部。

【Insert】:插入/改写,属于开关键,用于在编辑状态下将当前编辑状态变为插入方式或改写方式。

【Delete】:删除键,每按下一次,将删除光标位置右边的一个字符,右边的字符依次左移到光标位置。

【Home】:在一些应用程序的编辑状态下按下该键,可将光标定位于第一行第一列的位置。

【End】:在一些应用程序的编辑状态下按下该键,可将光标定位于最后一行的最后一列。

【Page Up】:向上翻页键,按下一次,可以使整个屏幕向上翻一页。

【Page Down】：向下翻页键，按下一次，可以使整个屏幕向下翻一页。

（4）小键盘区（数字键区）

键盘最右边的一组键位称为小键盘区，各键的功能均能从其他键位获得。录入或编辑数字时，利用小键盘可以提高输入速度。

【Num Lock】：数字锁定键，按下该键，【Num Lock】指示灯亮，按下小键盘区的数字键则输出上挡符号，即数字及小数点；再次按下该键，【Num Lock】指示灯灭，再按下小键盘区的数字键则执行各键位下挡符号所标识的功能。

（5）方向键区

方向键区位于编辑键区的下方，一共有 4 个键位，分别是上、下、左、右移动键。按下一次方向键，可以使光标沿某一方向移动一个坐标格。

3.1.2　打字姿势与要求

打字时，座椅的高低与打字工作台的高低要合适；操作人员的腰部要保持挺直，两脚自然平放，不可弯腰驼背；两肘轻轻贴于腋边，手指自然弯曲地轻放在键盘上，指尖与键面垂直；手腕平直，左右手的拇指轻放在空格键上，如图 3-3 所示。

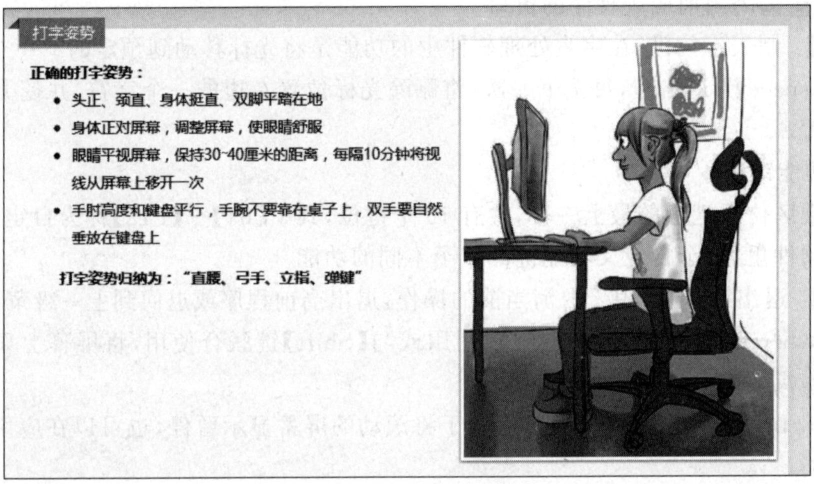

图 3-3　打字姿势

打字姿势归纳为"直腰、弓手、立指、弹键"。打字之前，手指甲必须修平。

打字时要精神集中，眼睛看原稿而不能看键盘，击键时主要用关节用力，而非腕力；击键要果断迅速有节奏。否则，交替看键盘和稿件会使人疲劳，容易出错，打字速度也会减慢。在保证准确与正确的前提下，再提高打字速度。切忌盲目追求速度。

3.1.3　英文与数字录入方法

熟练掌握键盘基本键位的指法是学好打字的基础。通过大量的训练，才能达到熟练使用正确指法进行键盘操作的目的。

1. 基本键位的指法

基本键位位于键盘中排，如图 3-4 所示。

基本键位是手指击键的"根据地",左、右手的拇指应侧放在空格键上。击键时,要从基本键位出发手抬起伸出击键。击键完毕立即缩回基本键位。当左手击键时,右手保持基本键位。当右手击键时,左手保持基本键位的指法不变。

图 3-4　基本键位指法

2. 相关提示

(1) 当一个手指击键时,其余三指翘起。

(2) 不允许长时间地停留在已敲击过的键位上。

(3) 击键时不可用力过大。

(4) 指法训练中应注意以下问题。

①　在指法训练中,正确的指法、准确地击键是提高输入速度和正确率的基础。在保证准确的前提下,速度要求为:初学者达到 80 个字符/分钟,经过反复练习,考核时 120 个字符/分钟为及格,200 个字符/分钟为良好,250 个字符/分钟为优秀。

②　在打字操作中,要始终保持不击键的一只手在基本键位上成弓形,指尖与键面垂直或稍向掌心弯曲。

③　打字时,眼睛要始终盯着原稿或屏幕,绝对禁止看键盘的键位。

④　坚持使用左、右手拇指轮流敲击空格键;否则,若只用一只手,会影响击键速度。指法训练是一个艰苦的过程,要循序渐进,不能急于求成。要严格按照指法的要领去练习,使手指逐渐灵活,随着练习的深入,手指的敏感程度和击键速度会不断提高。文字录入的基本要求一是准确,二是快速。

3.1.4　指法练习

1. 课堂练习一

反复练习左、右手的配合。

要点:手指灵活准确,用力均匀,击键有节奏和连贯性,左、右手拇指轮流敲击空格键,两手始终保持在基本键位上。下面文字至少反复练习 20 次。

fjdk I: saskd las Iisjkad s; fkjalffghjfutfynhiunvgybmiburumbytnuv 7b5n 4m6v dkeikdiccei; icecic; jckdfiejdict 3838 8383 sowlIwoss. xIIx. s 2lso 9s12 wxo 9x. 2 Sox. 9w. x apq; palqqpalpqlazps/lqpz Ikd0 0al a0zp 0zpl jhsauxfiwltypbngkezpimxkchxupaqxrvpmpcmtaq 1989rh eglis study.

2. 课堂练习二

按规定时间完成下列英文字母和数字的输入。

（1）3 分钟内完成输入下列内容（共 155 个字符）。

When the currency of a country changes in value, great many problems arise. A well-written letter is one that uses language that can be understood easily.

（2）3 分钟内完成输入下列内容（共 498 个字符）。

The boy looked out at the surf It was perfect. Father out the ocan was calm, but bulging with a ground swell which, as it neared the shore, was broken into huge combers. They started as raggedlines, swelled and surged, rising, rising, rising, until it seemed that the whole sea was rising behind them and would sweep over the entire sandpit. Just at that moment, with a brilliance that made him gasp, the waves broke into an explosion of white, followed by the deep resounding sound of the tide.

3. 文字录入速度记录表

把每次录入的速度记录在表 3-1 中。

表 3-1　文字录入速度记录表

次数	速度（个/分钟）	次数	速度（个/分钟）	次数	速度（个/分钟）	次数	速度（个/分钟）
1		5		9		13	
2		6		10		14	
3		7		11		15	
4		8		12		16	

3.2　拼音输入法

学习要求

（1）掌握搜狗输入法的基本安装方法；

（2）掌握搜狗输入法 U 模式、笔画筛选功能。

3.2.1　拼音输入法使用介绍

输入法几乎是每个人使用计算机时都会用到的软件。在计算机普及的过程中，有很多输入法陪伴过用户撰写文档、冲浪、聊天。随着网络时代的来临，每天都有大量的新词、新人名涌现出来，由于传统的输入法词库是封闭静态的，不具备对于流行词汇的敏感性，这些词都是不能默认打出来的，必须要选很多次，传统的输入法已经对担当中文流畅输入的重任力不从心。由于这一需求，搜狗拼音输入法依托于强大的搜狗搜索引擎应运而生。

搜狗拼音输入法 U 模式

搜狗拼音输入法是一款词库大、速度快、外观个性化的输入法，是文字输入的好选择。

1. 搜狗输入法的下载与安装

（1）打开浏览器，输入网址：https：//pinyin.sogou.com/，如图 3-5 所示。

图 3-5　输入搜狗输入法网址

（2）单击网页中的【立即下载】按钮，如图 3-6 所示。选择保存在计算机中某文件夹，如图 3-7 所示。

图 3-6　【立即下载】对话框

图 3-7　保存在计算机中的文件夹列表

（3）双击打开搜狗输入法安装软件，如图 3-8 所示。单击【立即安装】按钮安装搜狗输入法，如图 3-9 所示。

图 3-8　打开搜狗输入法安装软件

图 3-9　安装搜狗输入法

单击【立即安装】按钮后，安装过程如图 3-10 所示。安装完成界面如图 3-11 所示。

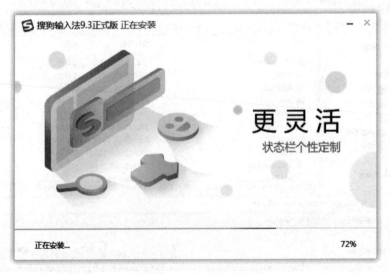

图 3-10　安装过程

图 3-11　安装完成

（4）根据个人的喜好设置个性化向导。个性化设置向导如图 3-12 所示。

图 3-12　个性化设置向导

（5）输入法切换。单击右下角任务栏中的输入法按钮，如图 3-13 所示。

图 3-13　输入法切换

选择搜狗输入法,如图 3-14 所示。

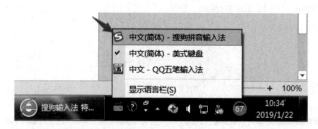

图 3-14　选择搜狗输入法

除此之外,也可以通过【Ctrl+Shift】组合键进行输入法切换。

2. 搜狗拼音输入法使用技巧介绍

搜狗拼音输入法打字技巧如下。

（1）简拼

简拼是输入声母或声母的首字母来进行输入的一种方式,有效地利用简拼,可以大大提高输入效率。搜狗输入法现在支持的是声母简拼和声母首字母简拼。例如:想输入"张靓颖",只要输入 zhly 或者 zly 都可以。同时,搜狗输入法支持简拼、全拼的混合输入,例如:输入 srf、sruf、shrfa 都可以出现"输入法"。

有效使用声母的首字母简拼可以提高输入效率,减少误打,例如:输入"指示精神"这几个字,如果输入传统的声母简拼,只能输入 zhshjsh,需要输入的字母多而且多个 h 容易造成误打,而输入声母的首字母简拼 zsjs 则能很快得到想要的词。

（2）拆字辅助码

拆字辅助码可快速地定位到一个单字,使用方法如下。

想输入一个汉字"娴",但是非常靠后,需要翻页,那么输入 xian,然后按下【Tab】键,再输入"娴"的两部分"女""闲"的首字母 nx,就可以看到只剩下"娴"字了。输入的顺序为 xian+【Tab】键+nx。独体字由于不能被拆成两部分,所以独体字没有拆字辅助码。

（3）笔画筛选

笔画筛选用于输入单字时,用笔顺来快速定位该字。使用方法是输入一个字或多个字后,按下【Tab】键(【Tab】键如果是翻页的话也不受影响),然后用 h 横、s 竖、p 撇、n 捺、z 折依次输入第一个字的笔顺,一直找到该字为止。例如,快速定位"珍"字,输入了 zhen 后,按下【Tab】键,然后输入"珍"的前两笔 hh,就可定位该字。又如"硗"字,通常输入拼音后至少要翻 3 页才能找到该字,但输完 qiao 的拼音后,按一下【Tab】键,然后先后输入该字的笔画辅助码 hp,这个字立刻跳到了第一位。要退出笔画筛选模式,只需删掉已经输入的笔画辅助码即可。

（4）U 模式笔画输入

U 模式是专门为输入不会读的字所设计的。在输入 u 键后,然后依次输入一个字的笔顺,笔顺为:h 横、s 竖、p 撇、n 捺、z 折,就可以得到该字,同时小键盘上的 1、2、3、4、5 也代表 h、s、p、n、z,这里的笔顺规则与普通手机上的五笔画输入是完全一样的,其中点也可以用 d 来输入。例如输入"你"字时输入 upspzs。

值得一提的是,竖心旁的笔顺是点点竖(nns),而不是竖点点。

（5）复杂字拆单字

如：淼，可以把它拆成三个"水"字，在 U 模式下输入 ushuishuishui。垚，可以把它拆成三个"土"字，在 U 模式下输入 utututu。

（6）模糊音

模糊音是专为对某些音节容易混淆的人所设计的。当启用了模糊音后，例如 sh＜→s，输入 si 也可以出来"十"，输入 shi 也可以出来"四"。

搜狗输入法支持的模糊音如下。

声母模糊音：s＜→sh,c＜→ch,z＜→zh,l＜→n,f＜→h,r＜→l。

韵母模糊音：an＜→ang,en＜→eng,in＜→ing,ian＜→iang,uan＜→uang。

（7）英文的输入

输入法默认是按下【Shift】键就切换到英文输入状态，再按一下【Shift】键就会返回中文状态。单击状态栏上面的中字图标也可以切换。

除了用【Shift】键切换以外，搜狗输入法也支持按回车键输入英文和 V 模式输入英文，在输入较短的英文时使用，能省去切换到英文状态下的麻烦。具体使用方法有两个。

方法 1：按回车键输入英文。输入英文，直接按回车键即可。

方法 2：V 模式输入英文。先输入 V，然后再输入英文，可以包含"@""＋""＊""/""—"等符号，然后按空格键即可。

3.2.2　搜狗拼音输入法指法练习

1. 指法练习

使用金山打字通进行练习，如图 3-15 所示。

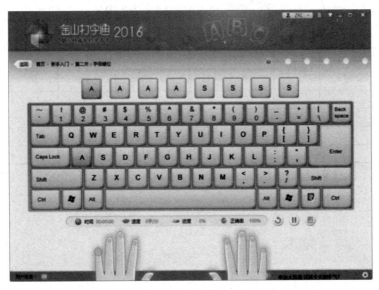

图 3-15　金山打字通

2. 指法练习，录入下述文字

运算速度快：计算机内部电路组成，可以高速准确地完成各种算术运算。当今计算机系统的运算速度已达到每秒万亿次，微机也可达每秒亿次以上，使大量复杂的科学计算问题得以解决。例如：卫星轨道的计算、大型水坝的计算、24 小时天气运算需要几年甚至几十年，而在现代社会里，用计算机只需几分钟就可完成。

计算精确度高：科学技术的发展特别是尖端科学技术的发展，需要高度精确的计算。计算机控制的导弹之所以能准确击中预定的目标，是与计算机的精确计算分不开的。一般计算机可以有十几位甚至几十位（二进制）有效数字，计算精度可由千分之几到百万分之几，是任何计算工具所望尘莫及的。

逻辑运算能力强：计算机不仅能进行精确计算，还具有逻辑运算功能，能对信息进行比较和判断。计算机能把参加运算的数据、程序以及中间结果和最后结果保存起来，并能根据判断的结果自动执行下一条指令以供用户随时调用。

存储容量大：计算机内部的存储器具有记忆特性，可以存储大量的信息，这些信息不仅包括各类数据信息，还包括加工这些数据的程序。

自动化程度高：由于计算机具有存储记忆能力和逻辑判断能力，所以人们可以将预先编好的程序组纳入计算机内存，在程序控制下，计算机可以连续、自动地工作，不需要人干预。

性价比高：几乎每家每户都有计算机，越来越普遍化、大众化，21 世纪，计算机已经成为每家每户不可缺少的电器之一。计算机发展很迅速，有台式的计算机也有笔记本式的计算机。

3. 指法练习记录表

用搜狗输入法录入上述文字。填写录入速度到表 3-2 中。

表 3-2　文字录入速度记录表

次数	速度（个/分钟）	次数	速度（个/分钟）	次数	速度（个/分钟）	次数	速度（个/分钟）
1		5		9		13	
2		6		10		14	
3		7		11		15	
4		8		12		16	

第4章

Microsoft Word 2016 的应用

本章要点：Word 2016 是 Microsoft Office 2016 套件之一，是套件中的一个文字处理程序，也是最常用的办公软件和公认的专业办公软件，功能强大，操作方便，用户可以使用它建立各种各样的文档。Word 常用于各种类型的文字处理，比如写备忘录、商业信函、论文、书籍和长篇报告等。

本章知识介绍：Word 2016 基本知识，启动 Word 2016、Word 2016 窗口的基本组成、表格制作、Word 排版等。

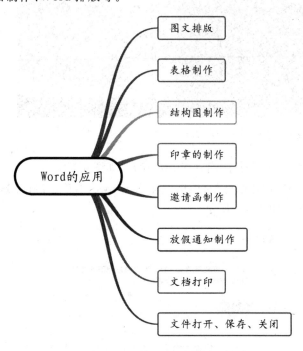

学习目的

1. 掌握 Word 2016 启动与退出，文档的创建、打开、保存与关闭的基本操作；

2. 掌握 Word 2016 操作界面及常用按钮功能；

3. 掌握 Word 2016 邮件合并功能进行邀请函的批量生成；

4. 掌握 Word 2016 插入图片的方法；艺术字的插入与编辑的方法；

5. 掌握表格的方法及技巧。

本章重点

1. Word 2016 邮件合并；

2. Word 2016 图文排版；形状工具使用方法；Word 2016 表格的方法及技巧。

4.1 Word 2016 基本操作

学习要求

(1) 掌握 Word 2016 的启动与退出，文档的创建、打开、保存与关闭的基本操作；

(2) 掌握 Word 2016 操作界面及按钮功能。

4.1.1 Word 2016 启动与文档操作

1. 启动 Word 2016

启动 Word 2016 可以有多种方法。

（1）执行【开始】→【所有程序】→【Word 2016】命令，启动 Word 2016，如图 4-1 所示。

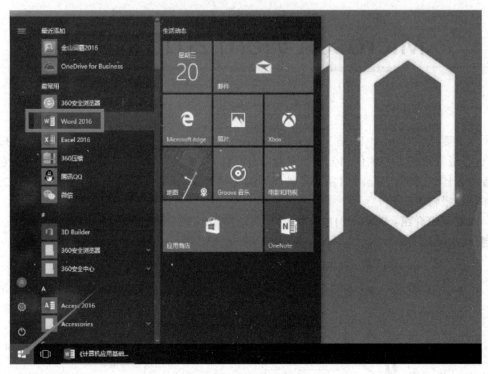

图 4-1   在【开始】菜单中启动 Word 2016

（2）双击桌面上的【Word 2016】快捷方式图标，启动 Word 2016，如图 4-2 所示。

（3）执行【开始】→【运行】命令，在弹出的【运行】对话框中输入 winword，单击【确定】按钮（或者按【Enter】键），启动 Word 2016，如图 4-3 所示。

图 4-2   桌面上的快捷方式

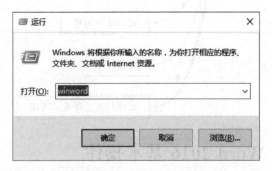

图 4-3   在【运行】对话框中启动 Word 2016

无论用上面哪种方式启动 Word 2016，都能创建一个空白文档，文档默认文件名为"文档 1"，如图 4-4 所示。

图 4-4　创建一个空白文档

2．Word 2016 文档的保存、关闭和打开

（1）选择菜单栏中的【文件】选项卡，如图 4-5 所示。

（2）选择【保存】→【浏览】选项，如图 4-6 所示。

（3）选择 Desktop【桌面】选项，在【文件名】文本框中输入文件名（如"关于 2018 年清明节放假的通知"），然后单击【保存】按钮，如图 4-7 所示。

（4）在窗口按钮中有 ▬（最小化）、▢（最大化）、▣（向下还原）和 ✖（关闭）按钮。单击 ✖ 按钮关闭文档。此时桌面上生成文件 📄，只要双击该图标即可打开文件，并对其进行编辑。

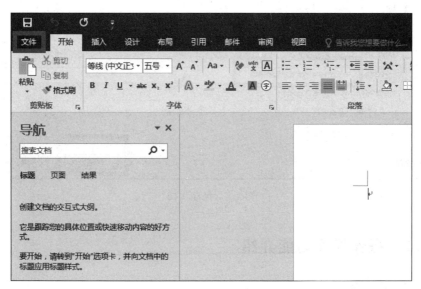

图 4-5　菜单栏中的【文件】选项卡

图 4-6　单击【保存】→【浏览】选项

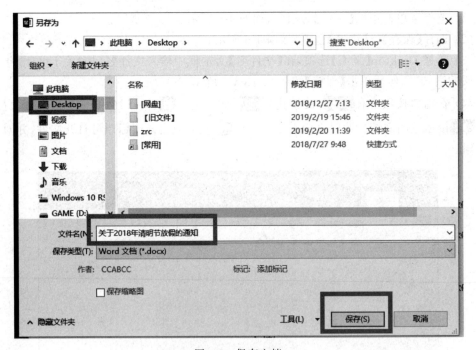

图 4-7　保存文档

4.1.2　操作界面功能介绍

1. 操作主菜单界面

Word 2016 操作主菜单界面如图 4-8 所示。

图 4-8　Word 2016 操作主菜单界面

Word 2016 操作主菜单界面由【文件】【开始】【插入】【设计】【布局】【引用】【邮件】【审阅】【视图】等组成,还包括【保存】🖫、【撤销】↻、【恢复】↺等。

单击🖫按钮保存文件；养成良好习惯,定期保存文件,以免出现计算机故障或停电等造成文件丢失；单击↻撤销(输入)上一步的操作；单击↺恢复上一步(重复输入)的操作。

2.【文件】菜单功能介绍

Word 2016【文件】菜单界面如图 4-9 所示。

Word 2016【文件】菜单功能介绍如图 4-10 所示。

图 4-9　【文件】菜单界面

3.【开始】菜单功能介绍

Word 2016【开始】菜单界面如图 4-11 所示。

Word 2016【开始】菜单功能介绍如图 4-12 所示。

4.【插入】菜单功能介绍

Word 2016【插入】菜单界面如图 4-13 所示。

Word 2016【插入】菜单功能介绍如图 4-14 所示。

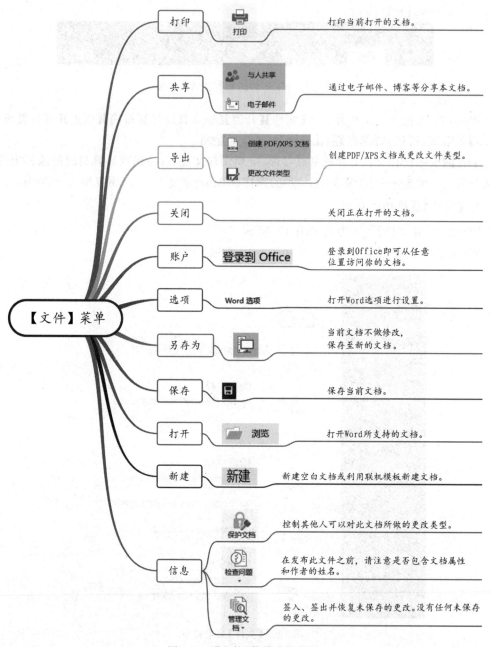

图 4-10 【文件】菜单功能介绍

图 4-11 【开始】菜单界面

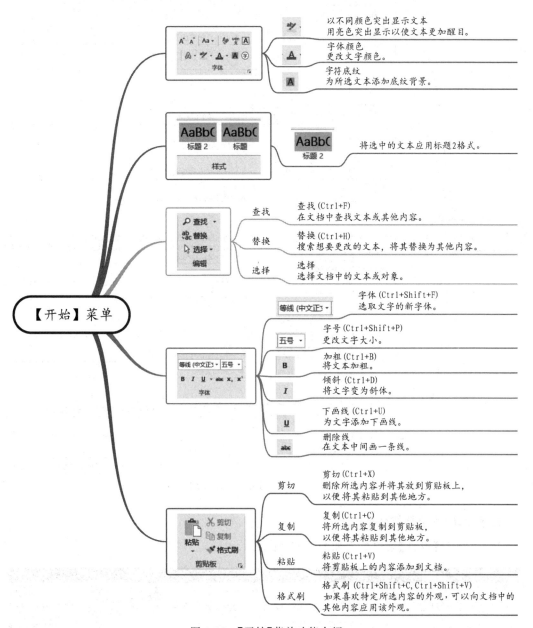

图 4-12　【开始】菜单功能介绍

图 4-13　【插入】菜单界面

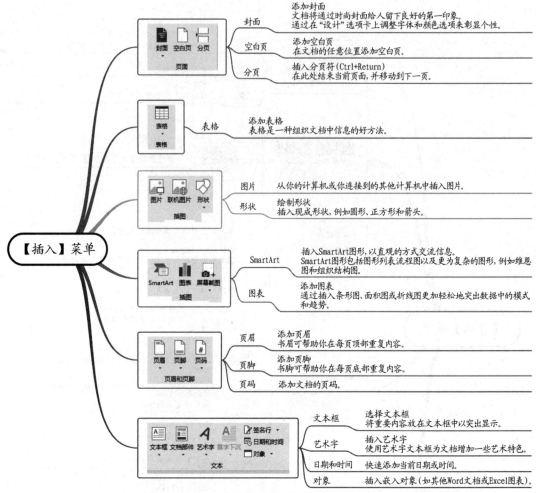

图 4-14 【插入】菜单功能介绍

5.【设计】菜单功能介绍

Word 2016【设计】菜单界面如图 4-15 所示。

图 4-15 【设计】菜单界面

Word 2016【设计】菜单功能介绍如图 4-16 所示。

6.【布局】菜单功能介绍

Word 2016【布局】菜单界面如图 4-17 所示。

Word 2016【布局】菜单功能介绍如图 4-18 所示。

7.【引用】菜单功能介绍

Word 2016【引用】菜单界面如图 4-19 所示。

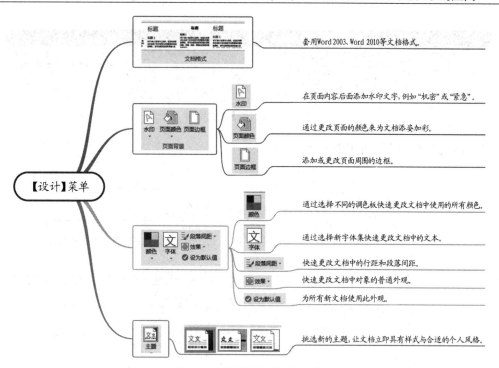

图 4-16　【设计】菜单功能介绍

图 4-17　【布局】菜单界面

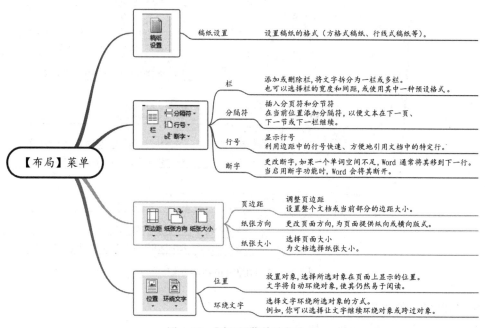

图 4-18　【布局】菜单功能介绍

图 4-19 【引用】菜单界面

Word 2016【引用】菜单功能介绍如图 4-20 所示。

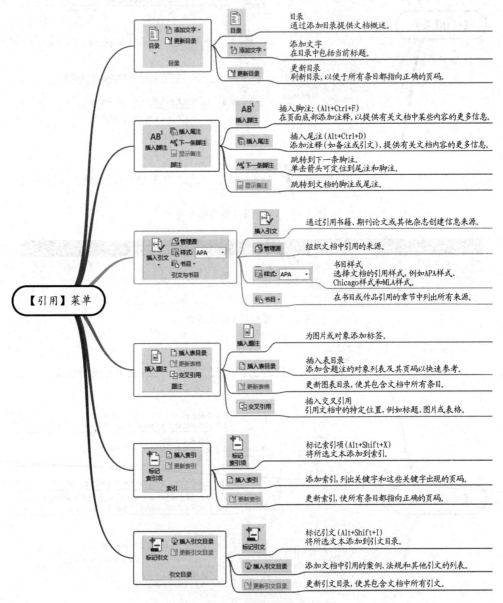

图 4-20 【引用】菜单功能介绍

8.【邮件】菜单功能介绍

Word 2016【邮件】菜单界面如图 4-21 所示。

图 4-21　【邮件】菜单界面

Word 2016【邮件】菜单功能介绍如图 4-22 所示。

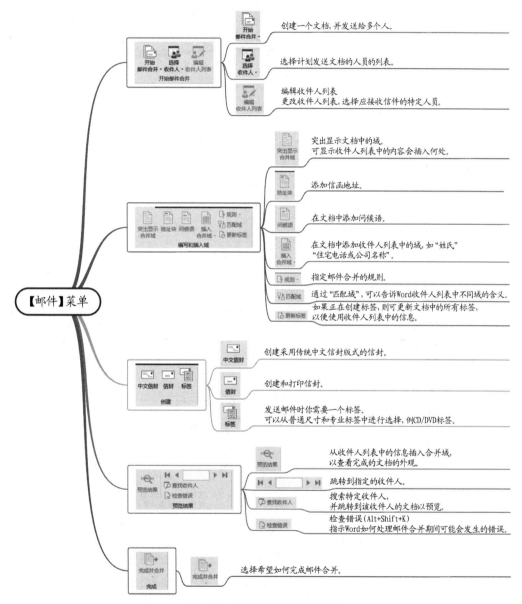

图 4-22　【邮件】菜单功能介绍

9.【审阅】菜单功能介绍

Word 2016【审阅】菜单界面如图 4-23 所示。

图 4-23　【审阅】菜单界面

Word 2016【审阅】菜单功能介绍如图 4-24 所示。

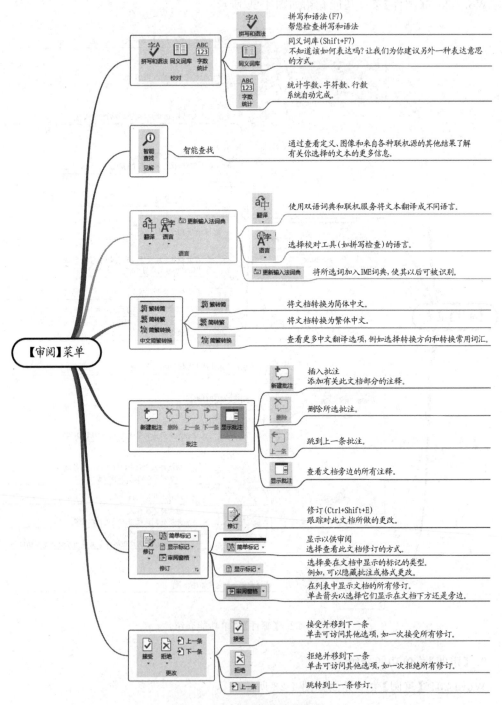

图 4-24　【审阅】菜单功能介绍

10.【视图】菜单功能介绍

Word 2016【视图】菜单界面如图 4-25 所示。

图 4-25　【视图】菜单界面

Word 2016【视图】菜单功能介绍如图 4-26 所示。

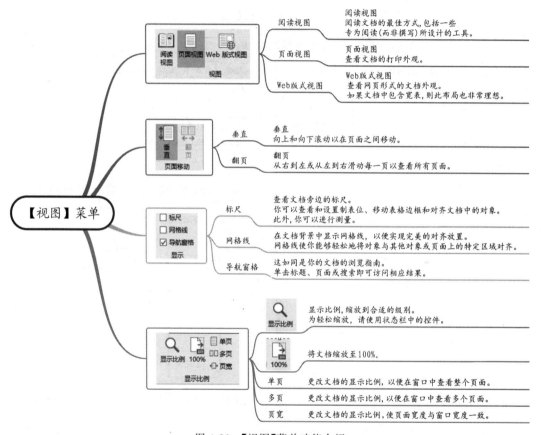

图 4-26　【视图】菜单功能介绍

4.2　Word 2016 常用操作实例

学习要求

（1）掌握在 Word 2016 中录入文本与标点符号的方法；

（2）掌握文档的基本编辑方法，包括文本的选定、复制、移动、删除；

（3）掌握字符格式和段落格式的设置方法；掌握放假通知、邀请函的基本编辑方法；

（4）掌握 Word 2016 的【邮件合并】功能，进行邀请函的批量生成；

（5）掌握【页面设置】与【打印】方法。

4.2.1　制作放假通知

放假通知制作

1. 进行页面设置并输入放假通知文本

（1）启动 Word 2016，新建"文档1"，将文档以文件名"关于 2018 年清明节放假的通知"保存在桌面上。选择【布局】→【页面设置】命令，设置【页边距】（默认值）及【纸张方向】（纵向），如图 4-27 所示。

（2）设置【纸张大小】为 A4，单击【确定】按钮，如图 4-28 所示。

图 4-27　设置【页边距】及【纸张方向】

图 4-28　设置【纸张大小】

（3）输入放假通知文本，如图 4-29 所示。

2. 设置放假通知标题格式

字体设置为宋体，二号字，加粗，居中对齐，段落格式为段前、段后各 0.5 行。

（1）选定标题，设置字体为二号字，单击加粗按钮 **B**，单击【段落】中的居中按钮 ≡，单击【段落】按钮 ，设置段前、段后各 0.5 行，如图 4-30 所示。

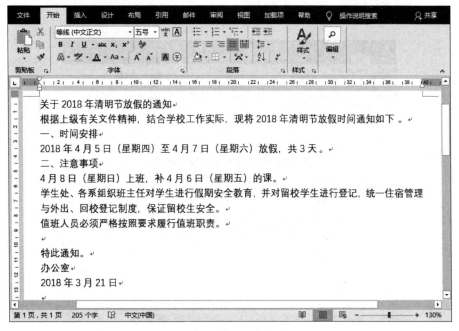

图 4-29 输入通知文本

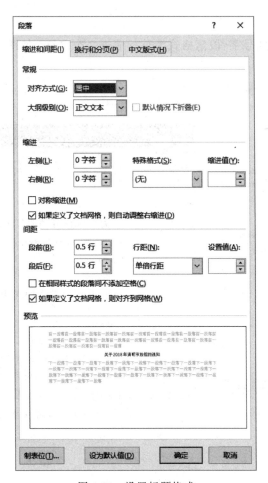

图 4-30 设置标题格式

（2）设置完成后单击【确定】按钮，效果如图 4-31 所示。

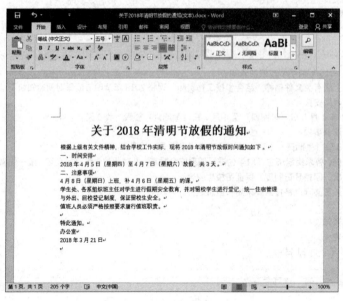

图 4-31　完成标题格式设置

3. 设置正文格式

设置字体为宋体，四号字，段落格式为首行缩进 2 个字符，如图 4-32 和图 4-33 所示。

图 4-32　设置正文格式

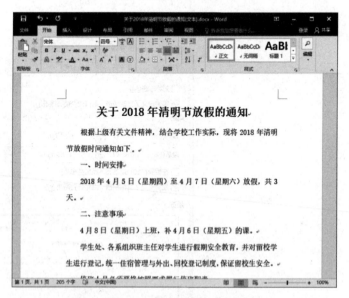

图 4-33　完成正文格式设置

4. 为通知中注意事项内容添加项目编号

选定通知中注意事项内容：选择【段落】→【编号】命令，如图 4-34 所示。

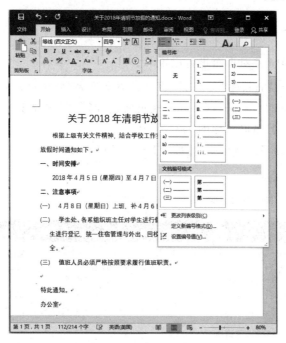

图 4-34　添加项目编号

5. 为通知最后两行文字前添加空格

在最后两行文字前添加空格，如图 4-35 所示。

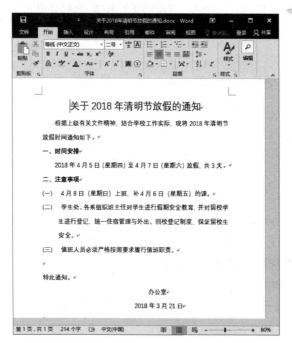

图 4-35　最后两行文字前添加空格

6. 保存

单击【保存】按钮 ⊟ 完成编辑。

4.2.2 制作邀请函

邀请函制作

1. 启动 Word 2016 并对页面进行设置

（1）启动 Word 2016，新建"文档 1"，将文档以文件名"公司年终客户答谢会邀请函"保存在桌面上。选择【布局】→【页面设置】命令，设置【页边距】（默认值）及【纸张方向】（纵向），如图 4-27 所示。

（2）设置【纸张大小】为 A4，单击【确定】按钮，如图 4-28 所示。

2. 录入邀请函文本

录入邀请函文本，如图 4-36 所示。

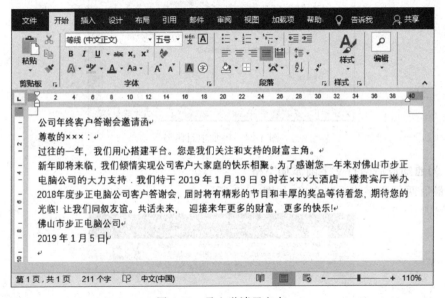

图 4-36　录入邀请函文本

3. 设置标题格式

（1）设置标题格式：选字体为宋体二号字，单击加粗按钮 **B**，单击段落中的居中按钮 ▤，单击段落设置按钮 ，设置段落格式为段后 0.5 行，如图 4-37 所示。

（2）设置完成后，单击【确定】按钮，如图 4-38 所示。

（3）设置正文格式：字体为宋体四号字，如图 4-39 所示。

4. 通过 Word【邮件】功能添加姓名及称谓

（1）光标移至"尊敬的："后面。

（2）选择【邮件】→【开始邮件合并】→【选择收件人】→【使用现有例表】命令，如图 4-40 所示。

（3）打开素材中的"公司年终客户答谢会邀请函（名单）.xlsx"文件，如图 4-41 所示。

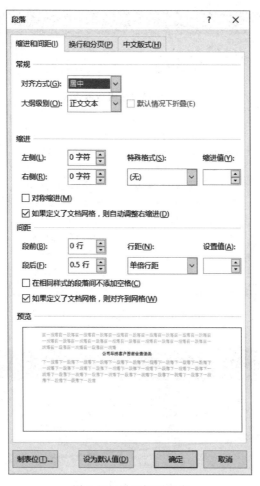

图 4-37　设置标题格式

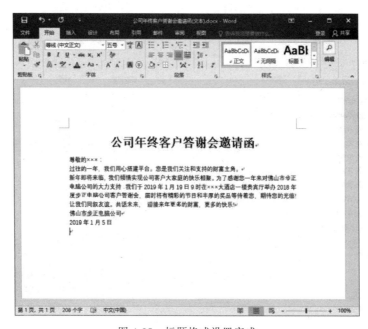

图 4-38　标题格式设置完成

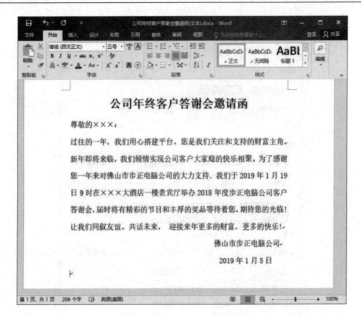

图 4-39   设置正文字体、字号

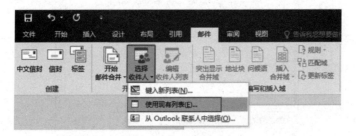

图 4-40   邮件合并

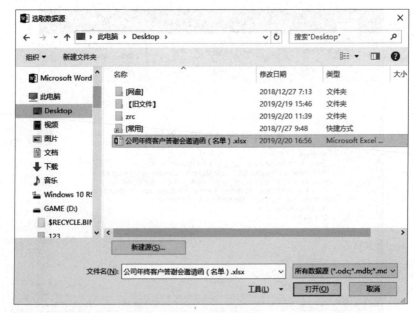

图 4-41   打开素材

（4）选择 Sheet1$，单击【确定】按钮，如图 4-42 所示。

图 4-42 选择 Sheet1 $

（5）选择【编写和插入域】→【插入合并域】命令，依次选择【姓名】和【称谓】，操作界面如图 4-43 所示，设置完成后效果如图 4-44 所示。

图 4-43 依次选择【姓名】和【称谓】

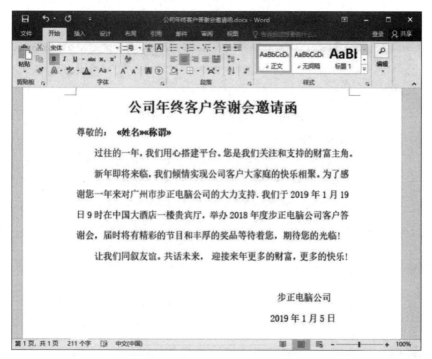

图 4-44 单击【编写和插入域】→【插入合并域】后效果图

（6）选择【完成项目中】的【完成并合并】→【编辑单个文档】命令，完成邀请函的生成，如图 4-45 和图 4-46 所示。

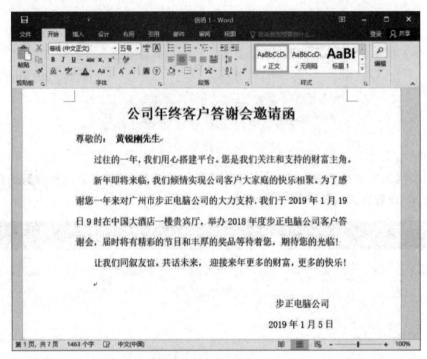

图 4-45   黄先生邀请函

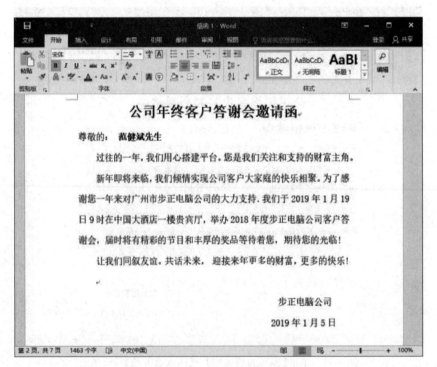

图 4-46   范先生邀请函

5. 保存

单击【保存】按钮 ，完成编辑。

4.2.3　文档打印

1. 打印预览

在 Word 文档正式打印之前，可以利用【打印预览】功能预览文档的外观效果，如果不满意，则可以重新编辑修改，直到满意再进行打印。选择【文件】→【打印】→【打印预览】命令，预览打印效果，如图 4-47 所示。

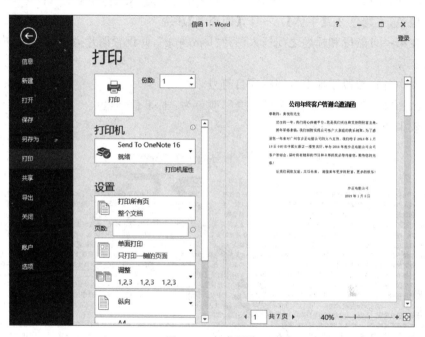

图 4-47　打印预览

2. 打印

Word 文档设置完成满意后，可以打印输出为纸质文稿，在【打印预览】窗口中对【打印机】【打印范围】【打印份数】【打印内容】等进行设置，然后单击【打印】按钮即可打印文档。

选择【文件】→【打印】命令，设置【份数】【打印机】等，单击【打印】按钮即可打印，如图 4-48 所示。

图 4-48　打印

4.3　Word 2016 图文排版

学习要求

（1）掌握 Word 2016 插入图片的方法，艺术字的插入与编辑的方法；

(2) 掌握 Word 2016 设置项目符号与编号的方法；

(3) 掌握【页面设置】与【打印】方法。

4.3.1 编辑“学院简介”文档

编辑“学院简介”文档

1. 主要内容

“学院简介”文章排版任务描述如下：针对 Word 文档“学院简介.docx”，进行图文排版，具体要求如下。

(1) 将标题设置为艺术字，并设置样式效果为【填充】：橙色，主题色 2；【边框】：橙色，主题色 2；【字体】：一号，【四周型】环绕。

(2) 在第一自然段和标题之间插入图片“logo.jpg”，并设置图片大小，锁定纵横比，宽度为 3 厘米。

(3) 文中各自然段添加书本图标项目符号。

(4) 添加文字水印，文字为“学院简介”，颜色为：标准色，紫色。

(5) 效果图，如图 4-49 所示。

广州机电学院

GETC

- 广州机电学院坐落于美丽的珠江河畔，由原中共中央顾问委员会委员中共中央组织部原副部长曾志同志在 1958 年创建，是广州市人力资源和社会保障局属下公办全日制职业学校。半世纪以来，伴随着共和国工业的发展，学院坚守和传承具有机电独特性格和气质的“初心文化”，凭借着“机”与“电”的办学积累和沉淀，一路走来。
- 学院不忘办学初心，牢记首任校长曾志同志关于“学校要为产业发展需求服务，为工业化发展进程服务”的嘱托，肩负起技能强国的重任，经历停办、复办、整合、改制，快速发展若干阶段，始终为中国的工业化进程贡献力量。现已成为拥有两个校区，占地面积 164 亩，教职工 584 人，33 个专业，全日制在校生近 8000 人，高级工以上层次占 90%，以培养高技能人才为主，集职业教育、职业培训、技能鉴定、考核功能为一体的综合性职业院校。
- 学院不忘育人初心，人才培养目标永远是“人文与技能并重，专业能力与职业素养并举”；学院树立“营造快乐，服务需求”的质量方针，践行“使无业者有业，使有业者乐业”的教育理念，坚持人才培养为社会经济结构调整和产业升级服务，为人的综合素质提升和达到更高质量的就业服务，为人的终身发展服务；发扬“坚韧不拔的钢铁意志、百折不挠的龙马精神”，为中国经济社会发展培养了一大批高素质的技术技能人才。近几年，学院有 60 多名师生在全国比赛中斩获奖项，其中 14 名选手在全国大赛中获得金牌，梁灶容同学荣获第 44 届世界技能大赛移动机器人项目铜牌。学院毕业生就业率一直稳定在 98%以上，毕业生大多在日立电梯、格力等知名企业就业；工业设计专业毕业生进入跨国企业蔚来汽车担任数字化曲面设计师，年薪 40 多万元；2017 年，华为公司在学院顶岗实习招聘会现场加薪争抢学生，4 名学生入职不到 4 个月就代表华为斩获市技能竞赛职工组一、二、三等奖，其中数控铣工项目实现二连冠；人才培养质量获得格力、华为等知名企业的一致好评。
- 学院不忘发展初心，构建了“产学研”三位一体的校企合作模式，积极搭建和拓展校企合作资源平台，通过牵头构建校企联盟和积极参与社会团体活动，整合了企业资源，拓宽了合作渠道；通过“实训基地、产教中心、大师工作室”三大平台，实现了实训、实践与技术的结合，搭建了人才培育的阶梯，探索企业新型学徒制的高技能人才培养模式，实现了校企的深度融合。
- 学院不忘教育初心，开展高质量、多层次的职业培训服务，充分发挥技工院校职业教育与职业培训的办学功能。开设技能晋升培训工种 23 个，年培训鉴定量达 4.7 万人次。学院承办省、市总工会、省物流协会、广智集团等行业企业职工技能竞赛，将赛前技能培训、竞赛组织融于一体，服务于企业转型升级和职工技能提升。学院紧贴经济社会发展需求，与行业企业合作，在校内共建智能制造创新实践园区、特种作业工种培训中心、广东机电消防培训中心等培训基地，在校外共同建设了广东省番禺监狱职业技能培训中心等培训基地。另外，学院面向社会开设了工业机器人技术、无人机应用技术、高档机床加工技术等高端研修班，培养企业亟需领域的高端技术技能人才。

学院简介

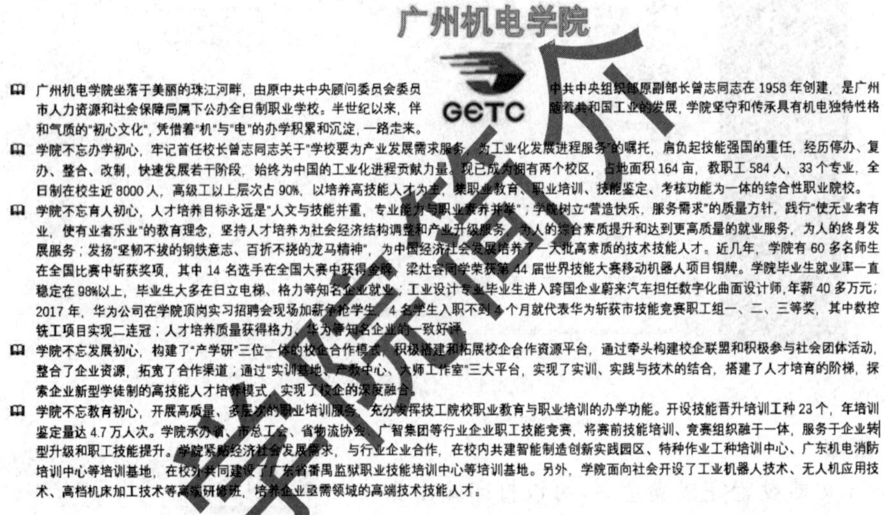

图 4-49 “学院简介”文章排版效果图

2. 主要过程

(1) 打开文档

打开素材文件夹下的 Word 文档：“学院简介”。

(2) 插入艺术字

① 选择 Word 文档中的标题“广州机电学院”。

② 选择【插入】→【文本】组→【艺术字】命令，打开【艺术字】样式列表。

③ 在样式列表中选择样式“填充：橙色，主题色 2；边框：橙色，主题色 2”，将所选文字设置为艺术字效果，如图 4-50 所示。

④ 选中艺术字，【字体】大小设置为"一号"，并设置【环绕文字】为【四周型】，如图 4-51 所示。

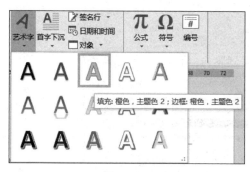

图 4-50　艺术字效果

图 4-51　艺术字

（3）插入图片

将插入点置于正文的第 1 个段落与标题之间，然后插入"logo.jpg"。

（4）设置图片格式

① 在文档中选择图片"logo.jpg"，在【图片工具—格式】选项卡【大小】组的【宽度】数值框中输入"3 厘米"，图片锁定了纵横比，图片的【高度】也会对应变化。

② 在【图片工具—格式】选项卡【排列】组单击【环绕方式】，选择【四周型】。

（5）设置【项目列表】和【项目符号】

定义新项目符号：在【开始】→【段落】组→【项目符号】旁边单击三角形按钮，打开【项目符号库】下拉菜单，在【项目符号库】下拉菜单中选择【定义新项目符号】命令，打开【定义新项目符号】对话框，单击【符号】按钮，在弹出的【符号】对话框中选择所需的图片作为项目符号，如图 4-52 所示。

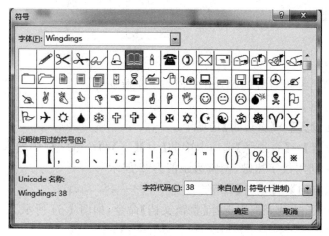

图 4-52　设置项目列表和项目符号

（6）添加水印

① 选择【设计】→【页面背景】组→【水印】命令，选择【自定义水印】。

② 选择文字水印项，输入"学院简介"，颜色选"紫色"，如图 4-53 所示。

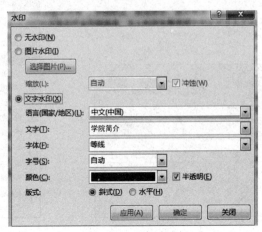

图 4-53　添加水印

（7）保存

单击【保存】按钮 ■ 完成编辑。

4.3.2　"学院简介"文档页面设置与打印

1. 主要内容

"学院简介"页面设置与打印，任务描述如下：针对 4.3.1 小节中已经图文排版的"学院简介.docx"文档，进行页面设置并打印，具体要求如下。

（1）设置【页边距】：上、下、左、右均为 2 厘米，纸张横向，并应用于【整篇文档】。

（2）纸张设置为 A4。

（3）插入页眉居中文字"学院简介"。

（4）页脚插入页码，并设置页码格式为"1,2,3,…"。

（5）打印文档。

2. 主要过程

（1）打开文档

打开上一章节已经设置好的 Word 文档——学院简介。

（2）设置页边距

① 打开【页面设置】→【页边距】选项卡。

② 在【页面设置】→【页边距】选项卡中的【上】【下】两个数字框中输入"2 厘米"，在【左】【右】两个数字框中利用数字按键，调整边距值为"2 厘米"。

③ 选择【纸张方向】→【横向】命令。

④ 在【应用于】下拉列表框中选择【整篇文档】命令，如图 4-54 所示。

（3）设置纸张

在【页面设置】对话框中切换到【纸张】选项卡，设置【纸张大小】为 A4。

（4）插入页眉

选择【插入】→【页眉和页脚】组→【页眉】命令，在弹出的下拉菜单中选择【编辑页眉】命令，进入页眉的编辑状态，在页眉区域中输入页眉内容"学院简介"，然后对页眉的格式进行设置即可。

（5）在页脚插入页码

选择【插入】→【页眉和页脚】组→【页码】命令，在弹出的下拉菜单中选择【页面底端】命令及菜单中的【普通数字 2】子菜单。

然后在【页码】下拉菜单中选择【设置页码格式】命令，打开【页码格式】对话框，在【编号格式】下拉列表框中选择阿拉伯数字"1,2,3,…"，在【页码编号】区域选择【起始页码】单选按钮，然后输入【起始页码】为"1"，如图 4-55 所示。

图 4-54　设置页边距

图 4-55　在页脚插入页码

单击【确定】按钮关闭该对话框，完成页码格式设置。

（6）保存文档

单击【保存】按钮🖫，对 Word 文档"学院简介.docx"进行保存操作，完成后如图 4-56 所示。

（7）打印预览

选择【文件】→【打印】命令，可以预览文档的打印效果。

（8）打印文档

选择【文件】→【打印】命令，设置【份数】【打印机】等，单击【打印】按钮即可打印。

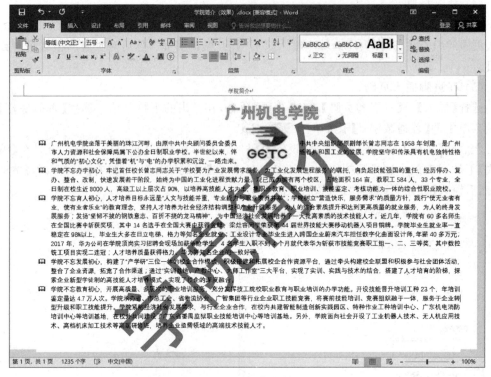

图 4-56 保存文档

4.3.3 图文排版创意训练

1. 主要内容

图文混排：打开创意训练文件夹下的"秋意.docx"，按照样文文件夹下的样文所示，进行如下的排版操作，最后以"秋意.docx"同名保存。

（1）全文替换或格式刷应用：打开文件"秋意.docx"，给正文中的所有"秋虫"加上着重号。

（2）设置字符格式：设置正文为宋体。

（3）设置字号：设置正文为小四号。

（4）设置段落格式：设置全文段落首行缩进 2 字符。

（5）设置行（段）间距：设置正文行距固定值 18 磅。

（6）设置艺术字：设置标题为【艺术字】，艺术字式样：第 4 行第 1 列；字体为【隶书】；艺术字样式文本效果设置为【山形】【四周型】环绕。

（7）设置分栏格式：设置正文为三栏。

（8）设置文本框：插入文本框，高度为 4.4 厘米，宽度为 4.5 厘米；文本框的围绕方式：【四周型】环绕，并输入文字内容："图片：秋意"。

（9）插入图片：在文本框内插入图片，图片为："素材\qiutian.jpg"。

（10）设置边框（底纹）：给正文最后一段加上方框，边框的颜色是标准色橙色，线条为 1.5 磅。

2. 完成效果

完成以后的效果如图 4-57 所示。

秋意盎然的地方

阶前看不见一茎绿草，窗外望不见一只蝴蝶，谁说是鹌鹑箱里的生活，鹌鹑未必这样枯燥无味呢。秋天来了，记忆就轻轻提示道，"凄凄切切的秋虫又要响起来了。"可是一点影响也没有，邻舍儿啼人闹弦歌杂作的深夜，街上轮震石响邪许并起的清晨，无论你靠着枕头听，凭着窗沿听，甚至贴着墙角听，总听不到一丝秋虫的声息。并不是被那些欢乐的劳困的宏大的清亮的声音淹没了，以致听不出来，乃是这里根本没有秋虫。啊，不容留秋虫的地方！秋虫所不屑居留的地方！

若是在鄙野的乡间，这时候满耳朵是虫声。白天与夜间一样地安闲，一切人物或动或静，都有自得之趣；懒睡的阳光和轻淡的云影覆盖在场上。到夜呢，明耀的星月和轻微的凉风看守着整夜，在这境界这时间里唯一足以感动心情的就是秋虫的合奏。它们高低宏细疾徐作歇，

仿佛经过乐师的精心训练，所以这样地无可批评，踌躇满志。其实它们每一个都是神妙的乐师；众妙毕集，各抒灵趣，哪有不成人间绝响的呢。

虽然这些虫声会引起劳人的感叹，秋士的伤怀，独客的微喟，思妇的低泣；但是这正是无上的美的境界，绝好的自然诗篇，不独是旁人最欢喜吟味的，就是当境者也感受一种酸酸的麻麻的味道，这种味道在另一方面是非常隽永的。

大概我们所祈求的不在于某种味道，只要时有点儿味道尝尝，就自诩为生活不空虚了。假若这味道是甜美的，我们固然含着笑来体味它；若是酸苦的，我们也要皱着眉头来辨尝它；

这总比淡漠无味胜过百倍。我们以为最难堪而极欲逃避的，惟有这个淡漠无味！

所以心如槁木不如工愁多感，迷朦的醒不如热烈的梦，一口苦水胜于一盏白汤，一场痛哭胜于哀乐两忘。这里并不是说愉快乐观是要不得的，清健的醒是不必求的，甜汤是罪恶的，狂笑是魔道的；这里只是说有味远胜于淡漠罢了。

所以虫声终于是足系恋念的东西。何况劳人秋士独客思妇以外还有无量数的人，他们当然也是酷嗜趣味的，当这京意微逗的时候，谁能不忆起那美妙的秋之音乐？

可是没有，绝对没有！井底似的庭院，铅色的水门汀地，秋虫早已避去惟恐不速之。而我们没有它们的翅膀与大腿，不能飞又不能跳，还是死守在这里。想到"井底"与"铅色"，觉得象征的意味丰富极了。

图片：秋意

图 4-57 文档效果图

4.4 Word 2016 表格及结构图制作

学习要求

(1) 掌握插入表格的方法，单元格合并与拆分的方法，表格边框、底纹的设置方法；

(2) 掌握 SmartArt 图形创建，SmartArt 图形的样式、颜色和效果设置；

(3) 掌握在 SmartArt 图形添加文本、形状，升降级、上下移与布局。

4.4.1 制作班级课表

1. 主要内容

班级课表制作，任务描述，新建 Word 文档"班级课表.docx"，在该文档

班级课表制作

中插入一个 7 列 6 行的班级课表,该表格的具体要求如下。

(1) 表格第 1 行高度的最小值为 1.6 厘米,第 2 行至第 3 行高度的固定值分别为 1.25 厘米,第 4 行高度的固定值为 1 厘米,第 5 行至第 6 行高度的固定值为 1.25 厘米。

(2) 表格第 1、2 两列总宽度为 2.5 厘米,第 3 列至第 7 列的宽度均为 1.8 厘米。

(3) 将第 1 行的第 1、2 列两个单元格合并,将第 1 列的第 2、3 行两个单元格合并,将第 4 行的所有单元格合并,将第 1 列的第 5、6 行两个单元格合并。

(4) 在表格左上角的单元格中绘制斜线表头。

(5) 设置表格在主文档页面【水平方向】【居中对齐】。

(6) 表格外框线为自定义类型,线型为外粗内细,宽度为 2.25 磅。其他内边框线为 0.5 磅单细实线。

(7) 在表格第 4 行单元格填充底纹颜色为橙色(淡色 60%)。

(8) 在表格第 1 列和第 2 列(不包括绘制斜线表头的单元格)添加底纹,图案样式为浅色下斜线,底纹颜色为蓝色(淡色 80%)。

(9) 在表格中输入文本内容,文本内容的字体设置为宋体,字号设置为小五,单元格水平和垂直对齐方式都设置为居中。

(10) 创建的班级课表最终效果如图 4-58 所示。

节次　　星期		星期一	星期二	星期三	星期四	星期五
上午	1-2	班会	计算机应用基础	面向对象程序设计	网页设计	综合布线
	3-4	语文	计算机应用基础	面向对象程序设计	网页设计	综合布线
下午	5-6	网络安全	网络设备调试	社团活动	数据库	
	7-8	体育	网络设备调试		数据库	

图 4-58　班级课表效果图

2. 主要过程

(1) 新建 Word 文档

新建 Word 文档并以"班级课表. docx"文件名保存。

(2) 在 Word 文档中插入表格

① 将插入点定位到需要插入表格的位置。

② 打开【插入表格】对话框:选择【表格】→【插入表格】命令,如图 4-59 所示。

③ 在【插入表格】→【表格尺寸】区域中→【列数】数字框中输入"7",在【行数】数字框中输入"6",对话框的其他选项保持不变,如图 4-60 所示。然后单击【确定】按钮,在文档中插入点位置将会插入一个 6 行 7 列的表格。

(3) 调整表格的行高和列宽

① 将光标插入点定位到表格的第 1 行第 1 列单元格中,在【表格工具】→【布局】选项卡的【单元格大小】组的【高度】数字框中输入"1.6 厘米",在【宽度】数字框中输入"1.25 厘米",如图 4-61 所示。

图 4-59 选择【插入表格】

图 4-60 设置【插入表格】属性

图 4-61 设置宽度

② 右击，在弹出的快捷菜单中选择【表格属性】命令，打开【表格属性】对话框，切换到【行】选项卡，【尺寸】区域中显示当前行（这里为第 1 行）的行高，先选中【指定高度】复选框，然后输入或调整高度数字为"1.6 厘米"，行高值类型选择【最小值】，也可以精确设置行高。

③ 在【行】选项卡中单击【下一行】按钮，设置第 2 行的行高，先选中【指定高度】复选框，然后输入高度为"1.25 厘米"，【行高值是】为【固定值】，如图 4-62 所示。

④ 以类似方法设置第 3 行高度的固定值为 1.25 厘米，第 4 行高度的固定值为 1 厘米；第 2、5、6 行高度的固定值为 1.25 厘米。

⑤ 接下来设置第 1 列和第 2 列的列宽，选择表格的第 1、2 两列，打开【表格属性】对话框，切换到【列】选项卡，选中【指定宽度】复选框，输入或调整宽度数字为"1.25 厘米"（第 1、2 两列的总宽度即 2.5 厘米），【度量单位】为【厘米】，精确设置列宽，如图 4-63 所示。

⑥ 以此类推，为表格设置其他剩余各列的宽度。

图 4-62　设置行高

图 4-63　设置列宽

⑦ 表格设置完成后，单击【确定】按钮使设置生效，并关闭【表格属性】对话框。

（4）合并与拆分单元格

① 选定第 1 行的第 1、2 列两个单元格，然后右击，在弹出的快捷菜单中选择【合并单元格】命令，即可将两个单元格合并为一个单元格。

② 选定第 1 列的第 2、3 行两个单元格，在【表格工具】→【布局】→【合并】组中单击【合并单元格】按钮，即可将两个单元格合并为一个单元格。

③ 在【表格工具】→【设计】选项卡中单击【橡皮擦】按钮，鼠标指针变为橡皮擦的形状 ，按下鼠标左键并拖动，将第 1 列的第 5 行与第 6 行之间的横线擦除，两个单元格即合并，然后再次单击【设计】选项卡中的【橡皮擦】按钮，取消擦除状态。

（5）绘制斜线表头

① 单击【表格工具】→【设计】选项卡的【绘图】组中【绘制表格】按钮，在表格左上角的单元格中自左上角向右下角拖动鼠标绘制斜线表头，然后再次单击【绘制表格】按钮，返回文档编辑状态。

② 把光标置于所要绘制斜线表头的单元格中，选择【表格工具】→【设计】选项卡的【边框】组中的【斜下框线】。

（6）设置表格的对齐方式和文字环绕方式

打开【表格属性】对话框，单击【表格】选项卡的【对齐方式】组中的【居中】→【确定】按钮。

（7）设置表格外框线

① 将光标置于表格中，单击【表格工具】→【设计】选项卡的【边框】组中的【边框】按钮，在弹出的下拉菜单中选择【边框与底纹】命令，打开【边框和底纹】对话框，切换到【边框】选项卡。

② 打开【边框与底纹】对话框，在【边框】选项卡的【设置】区域中选择【自定义】，在【样式】区域中选择【外粗内细】边框类型，在【宽度】区域中选择【2.25 磅】。

③ 在【预览】区域中两次单击【上框线】按钮，第 1 次单击取消上框线，第 2 次单击按自定义样式重新设置上框线。

④ 依次两次单击【下框线】按钮、【左框线】按钮、【右框线】按钮，分别设置对应外框线，如图 4-64 所示。

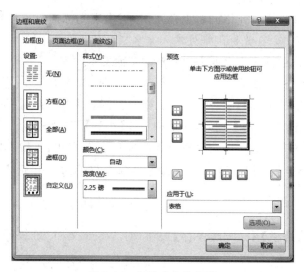

图 4-64　设置表格外框线

内边框保持 0.5 磅单细实线不变，所以不用设置。

⑤ 边框线设置完成后，单击【确定】按钮，使设置生效并关闭该对话框。

（8）设置表格底纹

① 在表格中选定需要设置底纹的区域，这里选择表格第 4 行单元格。

② 打开【边框和底纹】对话框，切换到【底纹】选项卡，【颜色】下拉列表框中选择【橙色（淡色 60%）】，其效果可以在【预览】区域进行预览，如图 4-65 所示。

③ 底纹设置完成后，单击【确定】按钮，使设置生效并关闭该对话框。

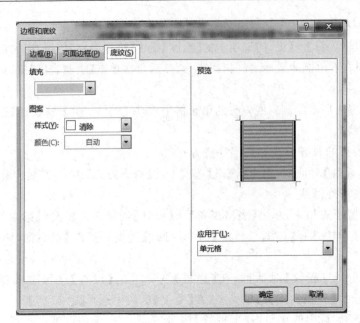

图 4-65　设置边框和底纹

用类似方法为表格的其他单元格添加底纹,并注意底纹图案的选择。

（9）在表格内输入与编辑文本内容

① 在绘制了斜线表头单元格的右上角双击,当出现光标插入点后输入文字"星期",在该单元格的左下角双击。在光标闪烁处输入文字"节次"。

② 在其他单元格中输入班级课表中所示的其他文本内容。

（10）表格内容的格式设置

① 设置表格内容的字体和字号。选中表格内容,单击【开始】→【字体】组中的【字体】下拉列表框中的【宋体】,在【字号】下拉列表框中选择【小五】。

② 设置单元格对齐方式。选中表格中所有的单元格,单击【表格工具】→【布局】选项卡的【对齐方式】组中的【水平居中】按钮▣,即可将单元格的水平和垂直对齐方式都设置为【居中】。

（11）保存文档

在【快速访问工具栏】中单击【保存】按钮,对 Word 文档"班级课表.docx"进行保存操作。

4.4.2　表格制作创意训练

1. 主要内容

表格设计:打开素材文件夹下的"市场产值表.docx",按照样文文件夹下的样文所示进行表格设置,最后同名保存。

（1）行列交换:按顺序把各年份的内容排列好。

（2）设置行高（列宽）:将 1993、1994、1995、1996 四列的列宽调整为 2.5 厘米,设置第一行的行高为 1.5 厘米,其他行的行高为 30 磅。

（3）合并单元格：把第 1、2 列的相关单元格进行合并。

（4）画线：在左上角的单元格内画一斜线，并添加"年份"，且调整好单元格内容的位置。

（5）设置边框：外边框设置为 2.25 磅，内边框设置为 0.75 磅，第 1 行与第 2 行之间用 0.5 磅的双线。

（6）表格内的内容按样文居中对齐。

2. 完成以后效果图

完成后的效果如图 4-66 所示。

市场产值表　（10亿美元）

类别＼年份		1993	1994	1995	1996
计算机	硬件	72.4	76.3	81.6	86.4
	软件	31.3	33.8	36.8	40.0
	服务	60.2	63.9	68.7	73.6
通信		190.0	202.7	217.5	235.1

图 4-66　市场产值表效果图

4.4.3　制作学院组织架构图

使用 SmartArt 图形在 Word 文档中创建组织结构图，以显示组织中的上下级关系，例如学院组织架构图。在 Word 2016 文档中创建 SmartArt 图形时，需要选择一种 SmartArt 图形类型，例如"流程""层次结构""循环"或"关系"。

制作学院组织
架构图

1. 主要内容

学院组织架构图制作任务描述：制作如图 4-67 所示的组织结构图。

图 4-67　组织结构图

2. 主要过程

（1）启动 Word 2016，新建"文档 1"，将文档以文件名"学院组织架构图"保存在桌面上。在功能区切换到【插入】→【插图】→【SmartArt】，选择需要的 SmartArt 图形类型，选择【层次结构】→【组织结构图】类型，然后单击【确定】，如图 4-68 所示。

（2）在文档中插入了 SmartArt 图形，此时会自动切换至【设计】选项卡，在【文本】对话框输入相应的文本内容，对于不需要用到的形状，可以选中它，按【Delete】键删除，如图 4-69 所示。

（3）在【SmartArt 工具】→【格式】选项卡的【设计】选项中，选择【添加形状】，可以在选定形状的前、后、上、下添加上下级关系和同级关系的形状。选中第 2 栏第 3 格"信息中心"，在【添加形状】→【在后面添加形状】中会出现一个空的形状，在此形状中输入文本"工会"，如

图 4-70 所示。

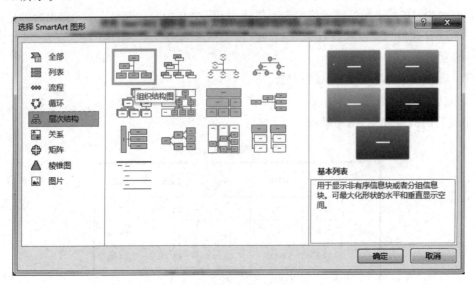

图 4-68　选择【组织结构图】类型

图 4-69　插入 SmartArt 图形　　　　　　图 4-70　添加形状

（4）选中整个结构图，在【SmartArt 工具】→【格式】选项卡的【设计】选项中选择【SmartArt 样式】组中的【更改颜色】→【彩色】，在【彩色范围】中设置【个性 5 至 6】。

（5）依次选中框架图中所有形状，在【SmartArt 工具】→【格式】选项卡的【大小】组中将高度设置为 1 厘米，宽度设置为 3 厘米。

（6）依次选中框架图中所有形状，将形状中文本字体设置为宋体，字号 20 磅。

（7）单击【保存】按钮 📇 完成编辑。

4.4.4　结构图创意训练

创建的组织结构图如图 4-71 所示。

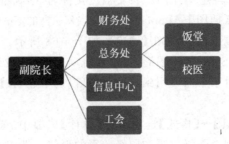

图 4-71　组织结构图

4.5　Word 2016 印章制作

学习要求

（1）通过制作公司印章掌握形状工具的使用方法和文本框工具的使用方法；

（2）掌握利用形状工具、文本框工具制作公司印章。

4.5.1　为放假通知添加公司印章

1. 主要内容

按要求为"中秋节放假通知"添加公司印章，效果如图 4-72 所示。

2. 主要过程

（1）打开素材

① 打开素材文件夹，找到素材中的文件："中秋节放假通知.docx"。

② 双击打开文件，如图 4-73 所示。

为放假通知添加公司印章

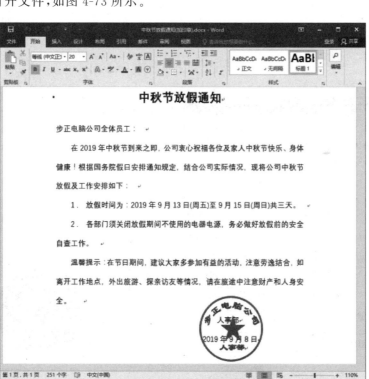

图 4-72　印章效果图

（2）插入正圆

① 选择菜单中的【插入】→【形状】→【椭圆】工具，如图 4-74 所示。

② 利用【椭圆】工具在文档落款的人事部、日期处画一个正圆，如图 4-75 所示。

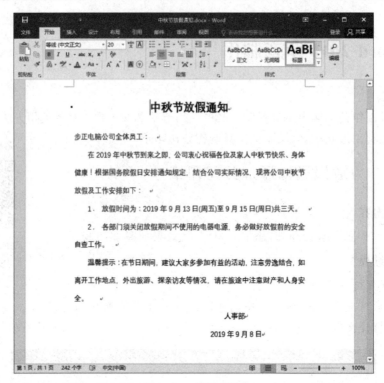

图 4-73　打开素材

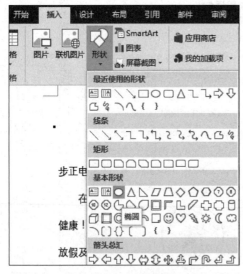

图 4-74　插入正圆

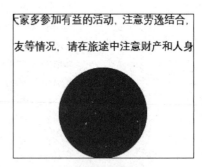

图 4-75　画正圆

提示：在利用【椭圆】工具画正圆时，按住【Shift】键不放能轻松地画出正圆。

③ 选中正圆，单击菜单【格式】→【形状样式】→【形状填充】→【无填充颜色】，如图 4-76 所示。

④ 选中正圆，在【格式】→【形状样式】→【形状轮廓】→【标准色】菜单中选择红色，【粗细】选择 3 磅，如图 4-77 所示。

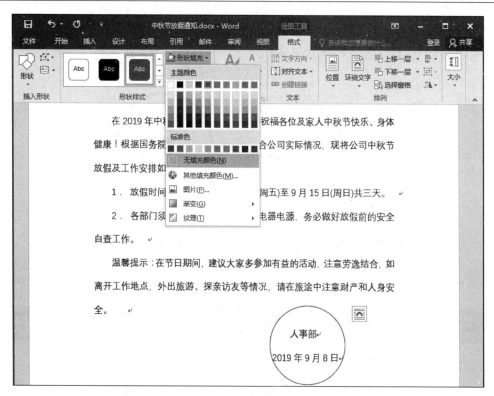

图 4-76 填充颜色

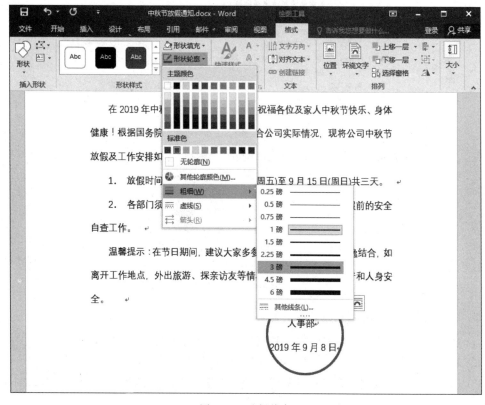

图 4-77 选择线条

（3）插入五角星

① 选择【插入】→【形状】→【五角星】工具，参照画正圆的方法添加五角星，如图 4-78 所示。

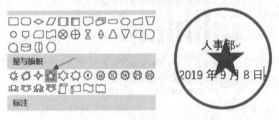

图 4-78 插入五角星

② 选中正圆，选择【格式】→【形状样式】→【形状填充】→红色。

③ 选中五角星，在【格式】→【形状样式】→【形状轮廓】→【标准色】选项中选择红色，如图 4-79 所示。

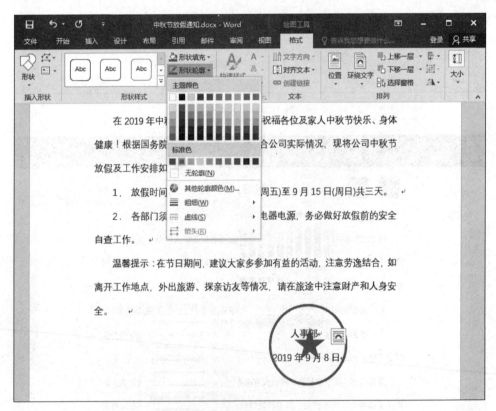

图 4-79 完善五角星

（4）为印章添加公司名字和部门名称

① 选择【插入】→【文本】→【文本框】→【简单文本框】工具，如图 4-80 所示。

② 利用文本框工具在印章上方添加"步正电脑公司"文本，如图 4-81 所示。

③ 选中文本框，在【格式】→【排列】→【环绕文字】选项中选择【衬于文字下方】，如图 4-82 所示。

图 4-80 添加公司名字

图 4-81 添加公司名称

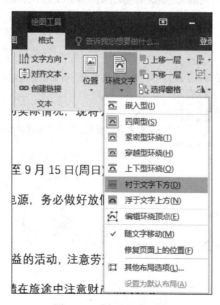

图 4-82 衬于文字下方

④ 选中文本框,选择【格式】→【形状样式】→【形状填充】→【无填充颜色】。

⑤ 选中文本框,在【格式】→【形状样式】→【形状轮廓】中选择【无轮廓】,如图 4-83 所示。

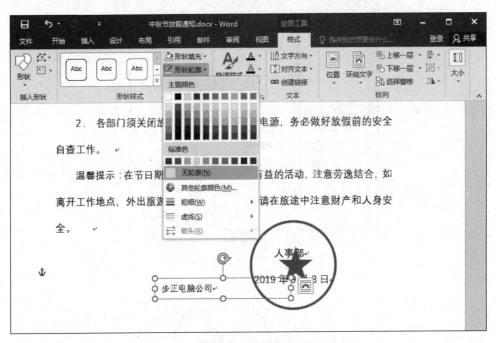

图 4-83　形状轮廓设置

⑥ 设置文本框字体格式为隶书、二号字、加粗、红色,如图 4-84 所示。

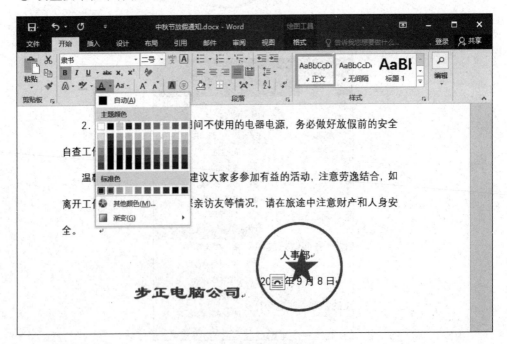

图 4-84　字体格式设置

⑦ 选中文本框,选择【格式】→【艺术字样式】→【转换】→【跟随路径】,如图 4-85 所示。

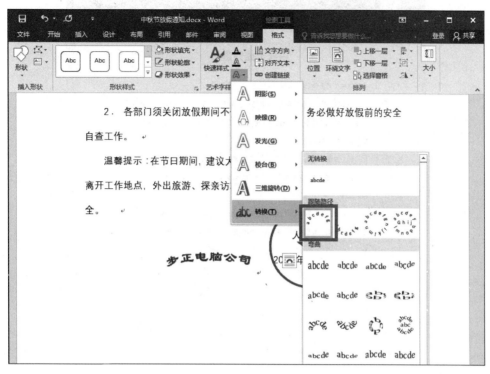

图 4-85 设置格式

⑧ 选中文本框,把鼠标光标移动到文本框的右下角,调整文本框到合适大小,并把文本框移至圆圈内,如图 4-86 所示。

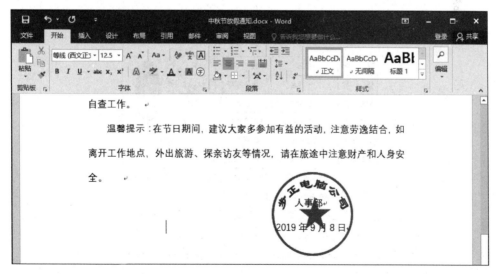

图 4-86 格式设置

⑨ 选择【插入】→【文本】→【文本框】→【简单文本框】等工具,参照添加公司名字方法添加"部门名称",印章就做好了,效果如图 4-87 所示。

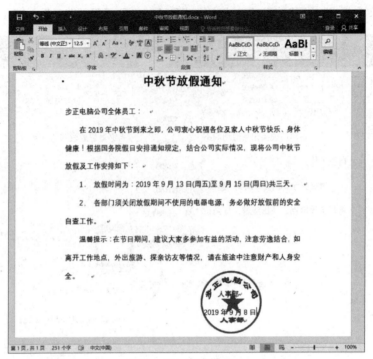

图 4-87　完成设置

（5）保存

单击【保存】按钮 🔒 完成编辑。

4.5.2　制作简历并在照片处添加"正式录用"印章

参照如图 4-88 所示，结合自身实际，制作一份个人简历。

个 人 简 历

姓　名	张三	性　别	男	
籍　贯	广东茂名	出生年月	1993.8	
毕业院校	广州机电学院	学历	本科	
所学专业	机电一体化	技能等级证书	预备技师	
证书工种	维修电工	联系电话	13888888888	
求职意向	维修电工、自动化相关工作			
教育经历	1.2011.9—2014.7 在广东省茂名市高宣育才希望中学读书； 2.2014.9—2018.7 在广州机电学院机电一体化专业读书			
个 人 特 点	1.对维修电工、自动化等方面有较强的动手能力； 2.吃苦耐劳，具有高度的责任感、严谨的工作作风、较强的 敬业精神及协作能力，还具有较强的自学能力和接受新事物 的能力			
取得证书 及荣誉	预备技师毕业证、本科毕业证，电工上岗证，维修电工预备 技师证，优秀班干部			

图 4-88　个人简历参考图

第5章

Microsoft Excel 2016 的应用

本章要点：Excel 2016 是 Microsoft Office 2016 套件之一，是最常用的办公软件，可以对各种数据进行处理、统计分析和决策操作。Excel 应用广泛，常用于数据的统计分析和图表制作，可以做财务表、工资表、考勤表、数据报表、图表、数据透视表等。

本章知识介绍：Excel 2016 基本知识，启动 Excel、Excel 窗口的基本组成、表格制作、函数使用、Excel 排版等。

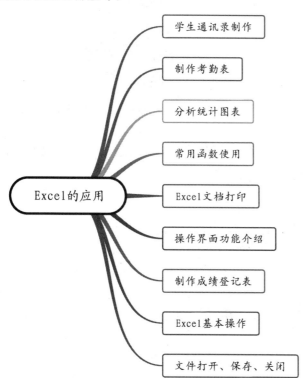

学习目的

1. 掌握 Excel 2016 的启动与退出，文档的创建、打开、保存与关闭等基本操作；

2. 掌握 Excel 2016 中表格制作方法；单元格格式的设置；

3. 掌握 Excel 2016 图表使用方法能够生成各种样式的分析图表；

4. 掌握 Excel 2016 常用函数使用方法，能够对数据进行求和、求平均值等操作。

本章重点

1. Excel 2016 单元格格式的设置，表格制作；

2. Excel 2016 图表使用方法，常用函数使用方法。

5.1　Excel 2016 基本操作

学习要求

（1）掌握 Excel 2016 的启动与退出，文档的创建、打开、保存与关闭的基本操作；

（2）掌握在 Excel 2016 中录入文本与表格制作方法；

（3）掌握文档的基本编辑方法，包括文本的选定、复制、移动、删除；

（4）掌握制表、常用函数的使用方法；

（5）掌握页面设置与打印方法。

5.1.1　Excel 2016 启动与文档操作

1. 启动 Excel 2016

启动 Excel 2016 可以有多种方法。

（1）执行【开始】→【所有程序】→【Excel 2016】命令，启动 Excel 2016，如图 5-1 所示。

（2）双击桌面上的【Excel 2016】快捷方式图标，启动 Excel 2016，如图 5-2 所示。

图 5-1　在【开始】菜单中启动 Excel 2016

图 5-2　桌面快捷方式图标启动

（3）执行【开始】→【运行】命令，在弹出的【运行】对话框中输入"Excel"，单击【确定】按钮（或者按【Enter】键），启动 Excel 2016，如图 5-3 所示。

图 5-3　在【运行】对话框中启动 Excel 2016

无论用上面哪种方式启动 Excel 2016，都能创建一个空白文档，文档默认文件名为"文档 1"，如图 5-4 所示。

2. Excel 2016 文档的保存、关闭和打开

（1）单击菜单栏中的【文件】按钮，如图 5-5 所示。

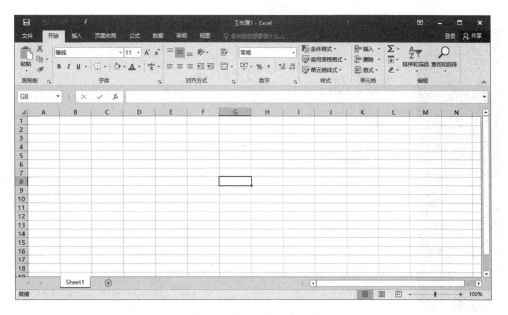

图 5-4 创建一个空白文档

图 5-5 单击菜单栏中的【文件】按钮

（2）单击【保存】→【浏览】按钮，如图 5-6 所示。

（3）单击 Desktop【桌面】，在文件名对话框中输入文件名（例如："成绩表"），然后单击【保存】按钮，如图 5-7 所示。

（4）在窗口按钮中有▬（最小化）、▢（最大化）、◱（向下还原）和✕（关闭）按钮。单击✕按钮关闭文档。此时桌面上生成文件快捷图标，只要双击该图标即可打开文件对其进行编辑。

图 5-6　单击【保存】→【浏览】按钮

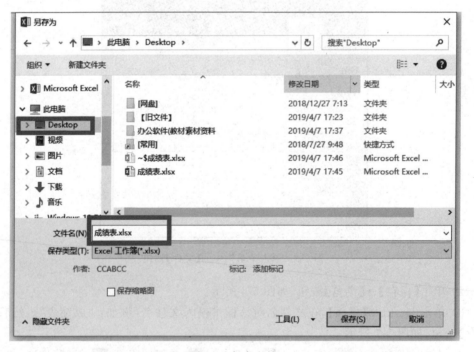

图 5-7　保存文档

5.1.2 操作界面功能介绍

1. 操作主菜单界面

Excel 2016 操作主菜单界面如图 5-8 所示。

图 5-8 Excel 2016 操作主菜单界面

Excel 2016 操作主菜单界面由【文件】【开始】【插入】【页面布局】【公式】【数据】【审阅】【视图】等组成,还包括【保存】▯、【撤销】▱、【恢复】▱等。

单击▯按钮可保存文件。养成良好习惯,定期保存文件,以免出现计算机故障或停电等造成文件丢失;单击▱按钮可撤销(输入)上一步操作;单击▱按钮可恢复上一步(重复输入)操作。

2.【文件】菜单功能介绍

Excel 2016【文件】菜单界面,如图 5-9 所示。单击⏴按钮可以返回编辑界面。

图 5-9 【文件】菜单界面

Excel 2016【文件】菜单功能介绍如图 5-10 所示。

3.【开始】菜单功能介绍

Excel 2016【开始】菜单界面如图 5-11 所示。
Excel 2016【开始】菜单功能介绍如图 5-12 所示。

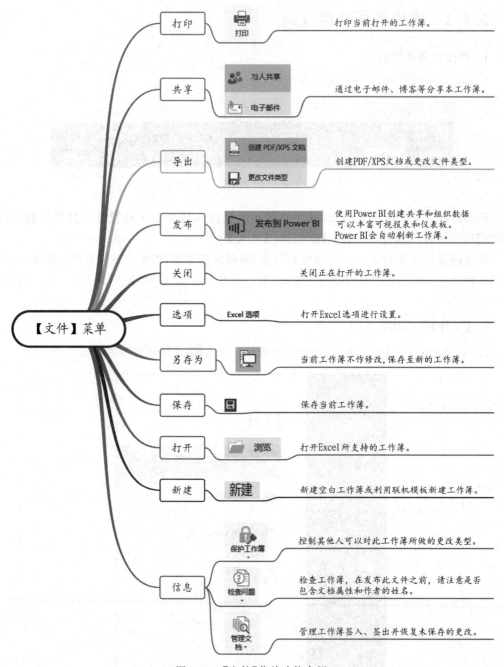

图 5-10　【文件】菜单功能介绍

图 5-11　【开始】菜单界面

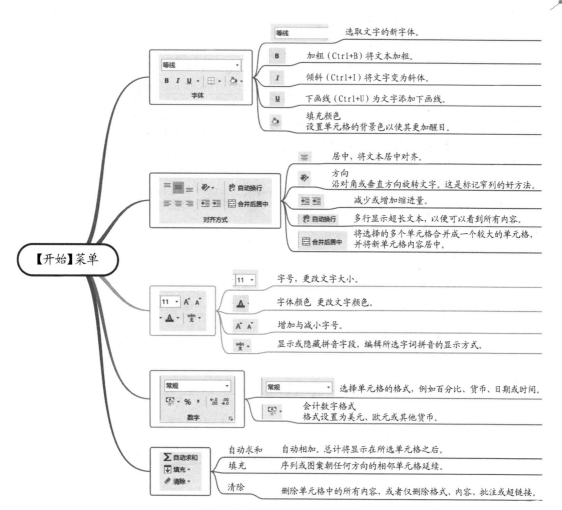

图 5-12 【开始】菜单功能介绍

4.【插入】菜单功能介绍

Excel 2016【插入】菜单界面如图 5-13 所示。

Excel 2016【插入】菜单功能介绍如图 5-14 所示。

5.【页面布局】菜单功能介绍

Excel 2016【页面布局】菜单界面如图 5-15 所示。

Excel 2016【页面布局】菜单功能介绍如图 5-16 所示。

6.【公式】菜单功能介绍

Excel 2016【公式】菜单界面如图 5-17 所示。

Excel 2016【公式】菜单功能介绍如图 5-18 所示。

图 5-13 【插入】菜单界面

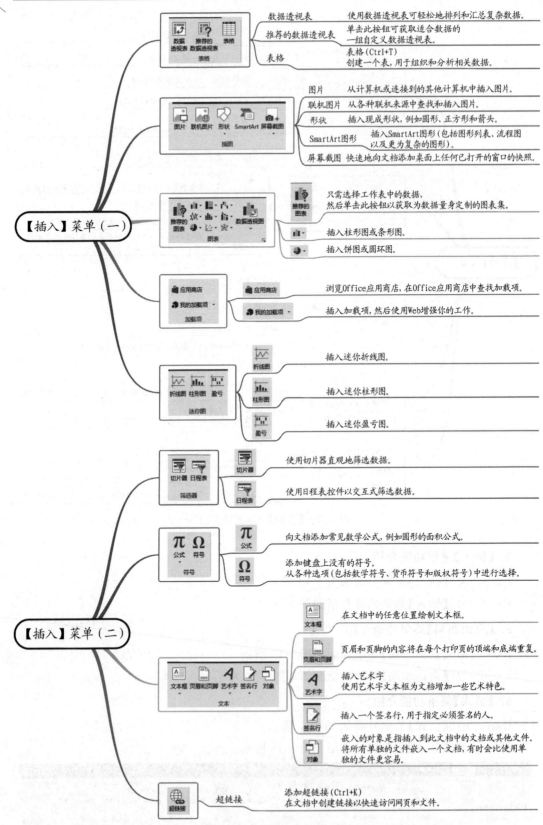

图 5-14　插入菜单功能介绍

图 5-15　【页面布局】菜单界面

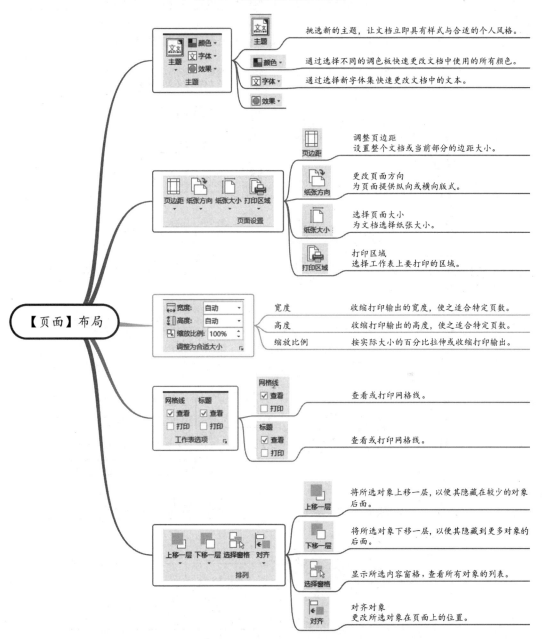

图 5-16　【页面布局】菜单功能介绍

图 5-17　【公式】菜单界面

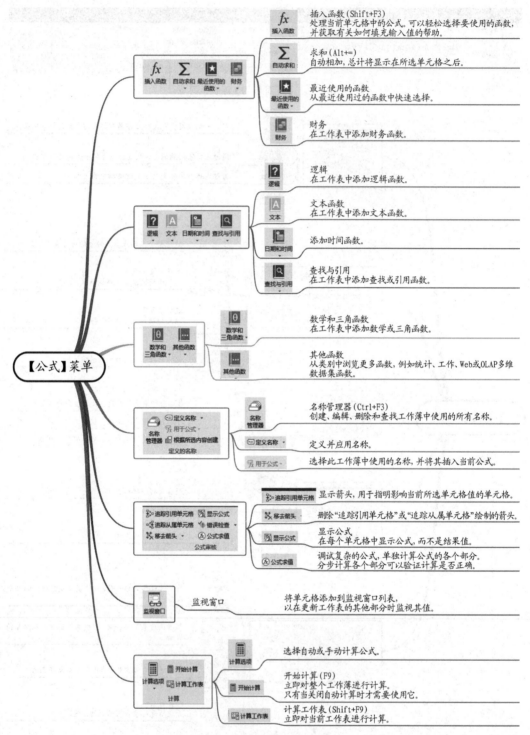

图 5-18　【公式】菜单功能介绍

7.【数据】菜单功能介绍

Excel 2016【数据】菜单界面如图 5-19 所示,菜单功能介绍如图 5-20 所示。

图 5-19 【数据】菜单界面

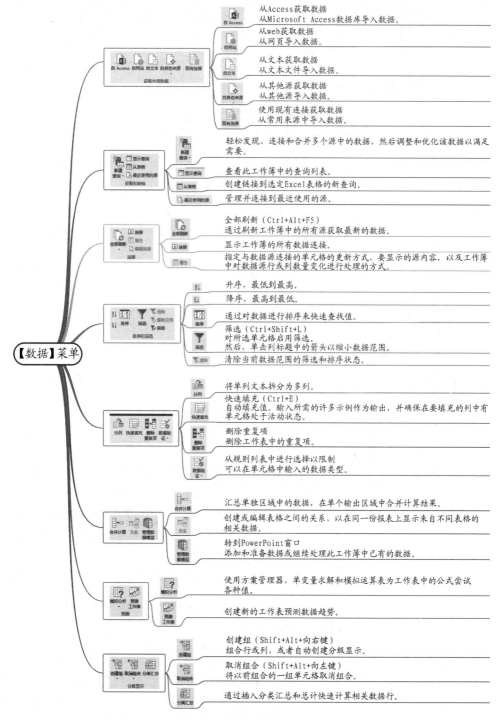

图 5-20 【数据】菜单功能介绍

8.【审阅】菜单功能介绍

Excel 2016【审阅】菜单界面如图 5-21 所示。

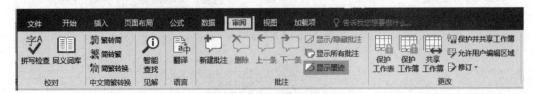

图 5-21 【审阅】菜单界面

Excel 2016【审阅】菜单功能介绍如图 5-22 所示。

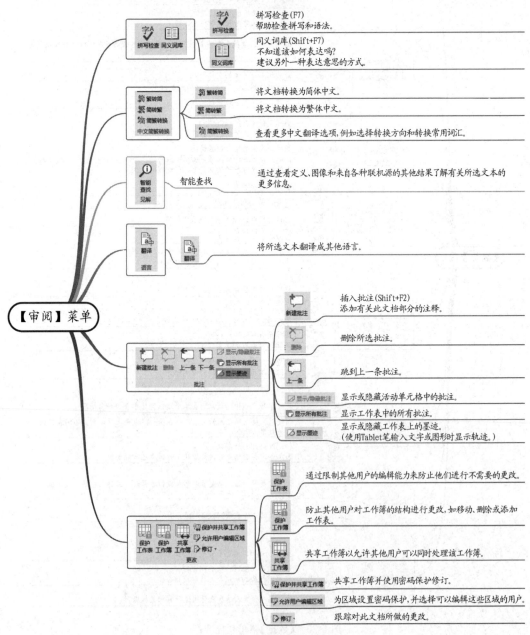

图 5-22 【审阅】菜单功能介绍

9.【视图】菜单功能介绍

Excel 2016【视图】菜单界面如图 5-23 所示。

图 5-23　【视图】菜单界面

Excel 2016【视图】菜单功能介绍如图 5-24 所示。

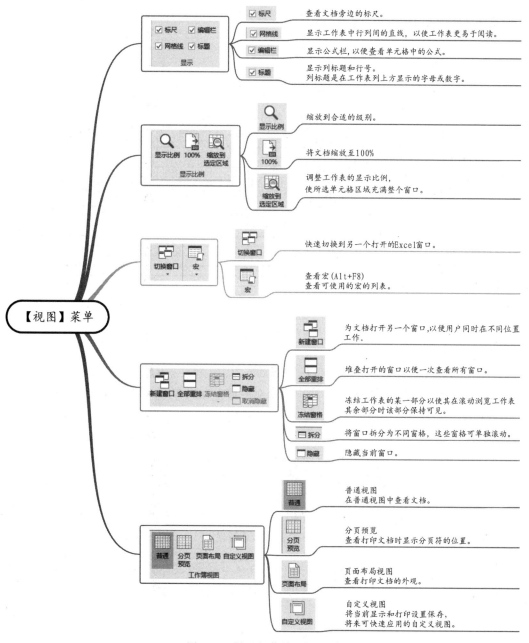

图 5-24　【视图】菜单功能介绍

5.2　Excel 2016 常用操作实例

学习要求

(1) 掌握 Excel 2016 启动及单元格格式的设置;

(2) 掌握在 Excel 2016 中对学号进行拖动快速生成,为表格文字设置字体、字号;

(3) 掌握在 Excel 2016 中制作表格的方法和设计边框、美化表格的技巧;

(4) 掌握在 Excel 2016 输入数据换行的方法。

5.2.1　制作学生通讯录

1. 主要内容

按要求制作"19 网络高级 1 班通讯录",效果如图 5-25 所示。

19网络高级1班通讯录

学号	姓名	性别	现家庭地址	出生日期	电话	QQ号	微信号	备注
1	刘一	男	广东省×××市×××区招村南胜一巷4号	2001年1月20日	15361234567	8888888888	WEIXIN01	
2	陈二	女	江西省××市宁都县东韶乡玉林池村高塘组	2002年5月1日	13571234836	7777777777	WEIXIN02	班长
3	张三	男	广东省××市荔湾区海中东约四巷111号	2001年6月10日	13611234943	6666666666	WEIXIN03	
4	李四	男	广东省××市天河区车陂街道永泰衡街16号	2000年2月11日	13511234765	5555555566	WEIXIN04	
5	王五	男	广东省××市黄坡镇钓矶岭村426号	2001年9月12日	13131234993	4444444444	WEIXIN05	学习委员
6	赵六	女	广东省××市金鼎官塘村上埔北153号	2001年12月21日	18561234294	3333333333	WEIXIN06	
7	孙七	男	广东省××市榕城区梅云镇云光村113号	2002年7月12日	17631234550	2222222222	WEIXIN07	
8	周八	男	广东省××市福田区上梅林新村204号	2001年4月4日	13711234021	1111111111	WEIXIN08	劳动委员
9								
10								
11								
12								
13								
14								
15								

图 5-25　19 网络高级 1 班通讯录

2. 主要过程

(1) 单击任务栏中【开始】按钮,启动 Excel 2016,新建"工作簿 1",将文档以文件名 "19 网络高级 1 班通讯录"另存在桌面中。在对应的单元格中输入数据,如图 5-26 所示。

	A	B	C	D	E	F	G	H	I
1	19网络高级1班通讯录								
2	学号	姓名	性别	现家庭地址	出生日期	电话	QQ号	微信号	备注
3	1	刘一	男	广东省×××市×××区招村南胜一巷4号	2001年1月20日	15361234567	8888888888	WEIXIN01	
4	2	陈二	女	江西省××市宁都县东韶乡玉林池村高塘组	2002年5月1日	13571234836	7777777777	WEIXIN02	班长
5	3	张三	男	广东省××市荔湾区海中东约四巷111号	2001年6月10日	13611234943	6666666666	WEIXIN03	
6	4	李四	男	广东省××市天河区车陂街道永泰衡街16号	2000年2月11日	13511234765	5555555566	WEIXIN04	
7	5	王五	男	广东省××市黄坡镇钓矶岭村426号	2001年9月12日	13131234993	4444444444	WEIXIN05	学习委员
8	6	赵六	女	广东省××市金鼎官塘村上埔北153号	2001年12月21日	18561234294	3333333333	WEIXIN06	
9	7	孙七	男	广东省××市榕城区梅云镇云光村113号	2002年7月12日	17631234550	2222222222	WEIXIN07	
10	8	周八	男	广东省××市福田区上梅林新村204号	2001年4月4日	13711234021	1111111111	WEIXIN08	劳动委员
11	9								

图 5-26　输入数据

提示:① 输入出生日期前,需要在【开始】菜单中选择【数字】→【单元格格式】→【日期】 (长日期),如图 5-27 所示。电话与 QQ 号单元格设置为【文本】格式。

图 5-27 设置单元格格式为【日期】

② 输入学号时可输入前两个学号后选中其单元格,拖动鼠标移动至单元格右下角,出现"＋"符号按住鼠标左键并拖动至 A17 单元格,快速完成多个学号输入。

（2）设置标题格式,标题字体为宋体、18 磅、加粗,合并居中。

① 选中 A1 单元格,设置【字体】格式为宋体、18 磅、加粗,如图 5-28 所示。

图 5-28 设置【字体】格式

② 选中 A1～I1 单元格,单击菜单栏中【开始】→【对齐方式】→【合并居中】按钮。

（3）为表格添加边框,并居中对齐文本内容。

① 选中 A2～I17 单元格,单击菜单栏中【开始】按钮,在【字体】工具中选择【边框】工具→【其他边框】设置表格的边框。

② 单击菜单栏中【开始】→【对齐方式】→【居中对齐】按钮,完成后效果如图 5-29 所示。

学号	姓名	性别	现家庭地址	出生日期	电话	QQ号	微信号	备注
1	刘一	男	广东省XXX市XXX区招村南胜一巷4号	2001年1月20日	15361234567	8888888888	WEIXIN01	
2	陈二	女	江西省XX市宁都县东韶乡王林池村高塘组	2002年5月1日	13571234836	7777777777	WEIXIN02	班长
3	张三	男	广东省XX市荔湾区海中东约四巷111号	2001年6月10日	13611234943	6666666666	WEIXIN03	
4	李四	男	广东省XX市天河区车陂街道永泰衡街16号	2000年2月11日	13511234765	5555555566	WEIXIN04	
5	王五	男	广东省XX市黄坡镇钓矶岭村426号	2001年9月12日	13131234993	4444444444	WEIXIN05	学习委员
6	赵六	女	广东省XX市金鼎宫塘村上埔北153号	2001年12月21日	18561234294	3333333333	WEIXIN06	
7	孙七	男	广东省XX市榕城区梅云镇云光村113号	2002年7月12日	17631234550	2222222222	WEIXIN07	
8	周八	男	广东省XX市福田区上梅林新村204号	2001年4月4日	13711234021	1111111111	WEIXIN08	劳动委员
9								
10								

图 5-29 完成后效果

（4）为学号、姓名、性别、备注设置格式。

① 选中 A2～I2 单元格,单击菜单栏中【开始】→【字体】→加粗按钮。

② 选择【字体】→【填充颜色】为【白色-色深 15％】。

（5）单击【保存】按钮 ■ 完成编辑。

5.2.2 制作考勤表

1. 主要内容

按要求制作考勤表,效果如图 5-30 所示。

制作考勤表

______学年第______学期课堂考勤表
科目__________班级__________教师__________

日期	（月/日）姓名	月 日	月 日	月 日	月 日	月 日	月 日	月 日	月 日	月 日	月 日	月 日	月 日	月 日	月 日
1	岑志立														
2	陈杰泉														
3	陈俊杰														
4	陈永浩														
5	陈展鸿														
6	陈子康														
7	邓永健														
8	邓振晖														
9	方英杰														
10	古东明														
11	关铭祺														
12	何嘉威														
13	黄才进														
14	黄毓才														
15	黄嘉健														
16	黄智鹏														
17	蓝冠雄														
18	黎智健														
19	欧阳建彬														
20	李伟														
21	李星衡														
22	林毅峰														
23	林毅华														
24	刘宜奇														
25	陆文韬														
26	麦伟健														
27	蒙宏健														
28	潘英伦														
29	张晓辉														
30	张旭基														
	注：迟到√旷课○请假△早退□														

图 5-30　考勤表效果图

2. 主要过程

(1) 启动 Excel 2016，新建“工作簿 1”，将文档以文件名“考勤表”另存在桌面。在对应的单元格中输入数据，如图 5-31 所示。

(2) 设置标题格式字体为宋体、16 磅、加粗，合并居中，科目、班级、教师换第 2 行。

① 选中 A1 单元格，设置字体为宋体、16 磅、加粗。

② 选中 A1～P1 单元格，单击【开始】→【对齐方式】→【合并后居中】。

③ 右击行号 1，把第 1 行的行高设置为 47，如图 5-32 所示。

④ 把光标移动至标题“科目”前按【Alt＋回车】组合键对标题进行分行。

⑤ 利用【开始】→【字体工具】，把标题中需要填写信息的地方标上下画线。

(3) 设置第 2 行的格式。

① 右击行号 2，把第 2 行的行高设置为 30。

② 右击 A、C～P 列，把列宽设置为 4，B 列列宽设置为 13.5。

③ 选中 C2～P2，单击【开始】→【对齐方式】→【自动换行】及【右对齐】，如图 5-33 所示。

⬚	A	B	C	D	E	F	G	H	I
1	学年第		学期课堂考勤表		科目		班级		教师
2	学号		(月日	月日		月日		月日	月日
3		1	岑志立						
4		2	陈杰泉						
5		3	陈俊杰						
6		4	陈永浩						
7		5	陈展鸿						
8		6	陈子康						
9		7	邓永健						
10		8	邓振辉						
11		9	方英杰						
12		10	古东明						
13		11	关铭祺						
14		12	何嘉威						
15		13	黄才进						
16		14	黄铖才						
17		15	黄嘉健						
18		16	黄智鹏						
19		17	蓝冠雄						
20		18	黎智健						
21		19	欧阳建彬						
22		20	李伟						
23		21	李星衡						
24		22	林毅峰						
25		23	林毅华						
26		24	刘宜奇						
27		25	陆文韬						
28		26	麦伟健						
29		27	蒙宏健						
30		28	潘英伦						
31		29	张晓辉						
32		30	张旭基						
33									

图 5-31 输入数据

图 5-32 设置行高

图 5-33 设置第 2 行的格式

④ 选中 B2 单元格，把光标移动至"姓名"前按【Alt】+回车组合键进行分行。

（4）为考勤表添加边框。

① 选中 A2～P42 单元格，单击菜单栏中的【开始】→【字体】→【设置单元格格式】→【边框】，设置表格的边框，如图 5-34 所示。

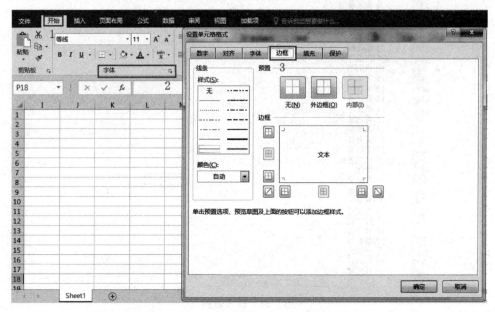

图 5-34　为考勤表添加边框

② 选中 B2 单元格，利用【边框】工具添加斜线，如图 5-35 所示。

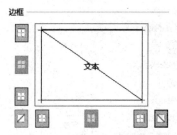

图 5-35　利用【边框】工具添加斜线

（5）设置单元格对齐方式美化表格。

① 选中表中的所有"学号""姓名"单元，设置对齐方式为居中对齐。

② 选中 A44～P44 单元格，单击【开始】→【对齐方式】→【合并后居中】。

（6）单击【保存】按钮 ⊟ 完成编辑。

5.2.3　Excel 文档打印

1. 打印范围

打开上节完成的文档——考勤表，选择打印范围，如图 5-36 所示。

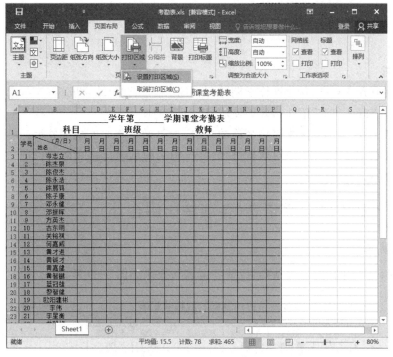

图 5-36　选择打印范围

2. 打印预览

在 Excel 文档正式打印之前,可以利用"打印预览"功能预览文档的外观效果,如果不满意,则可以重新编辑修改,直到满意再进行打印。

在【文件】下拉菜单中选择【打印】命令,可以预览文档的打印效果,如图 5-37 所示。

3. 打印文档

Excel 文档设置完成后,可以打印输出为纸质文稿,在【打印预览】窗口中对打印机、份数、设置等进行设置,然后单击【打印】按钮即可打印文档,如图 5-38 所示。

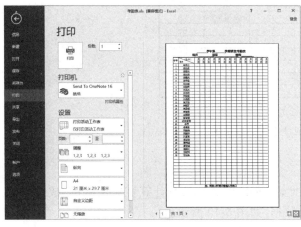

图 5-37　打印预览　　　　　　　　　　　　图 5-38　打印

5.3　Excel 2016 表格数据

学习要求

（1）掌握利用 Excel 2016 计算学期总评成绩、平均成绩、综合成绩；

（2）掌握 Excel 2016 条件格式的使用，IF 函数的使用；

（3）掌握 Excel 2016 修改表格名称的方法、为单元格添加批注并显示；

（4）掌握在 Excel 2016 中对数据进行排序，图表的创建与格式调整；

（5）掌握页面设置方法。

5.3.1　制作成绩登记表（各项按比例合计）

1. 主要内容

按要求制作"《计算机应用基础》成绩登记表"，效果如图 5-39 所示。

制作成绩登记表

《计算机应用基础》成绩登记表					
总评成绩=平时考核成绩×50%+平时测验×30%+期末考试×20%。					
学号	姓名	平时成绩	测验成绩	考试成绩	总评成绩
1	曹怀刚	95	81	93	90
2	陈嘉杰	94	95	93	94
3	陈其伟	60	55	50	57
4	陈永键	83	67	68	75
5	陈鸿俊	88	73	85	83
6	陈鹏权	88	89	96	90
7	邓晓斌	88	67	80	80
8	邓及钊	88	87	90	88
9	范恩宝	95	100	95	97
10	古文威	95	93	94	94
11	何晓楷	59	78	58	65
12	何璇聪	90	87	85	88
13	黄振文	90	64	88	82
14	黄美豪	88	75	60	79
15	黄郁恒	87	94	93	90
16	简家浩	88	55	90	79
17	邝进钊	88	78	94	86
18	邝锵棠	90	75	91	86
19	李权豪	93	92	55	85
20	梁梓隆	88	77	87	85
21	梁阳峰	95	100	95	97
22	林嘉锋	88	78	86	85
23	卢杏濠	88	73	86	83
24	吕智	59	62	75	63
25	马晓辉	88	73	56	77
任课老师：周然灿			2019年1月10日		

图 5-39　制作成绩登记表效果图

2. 主要过程

（1）启动 Excel 2016，新建"工作簿 1"，将文档以文件名"《计算机应用基础》成绩登记表"另存在桌面。在对应的单元格中输入数据，如图 5-40 所示。

（2）设置表格字体及对齐方式。

① 选中 A1 单元格，设置字体为宋体、14 磅、加粗。

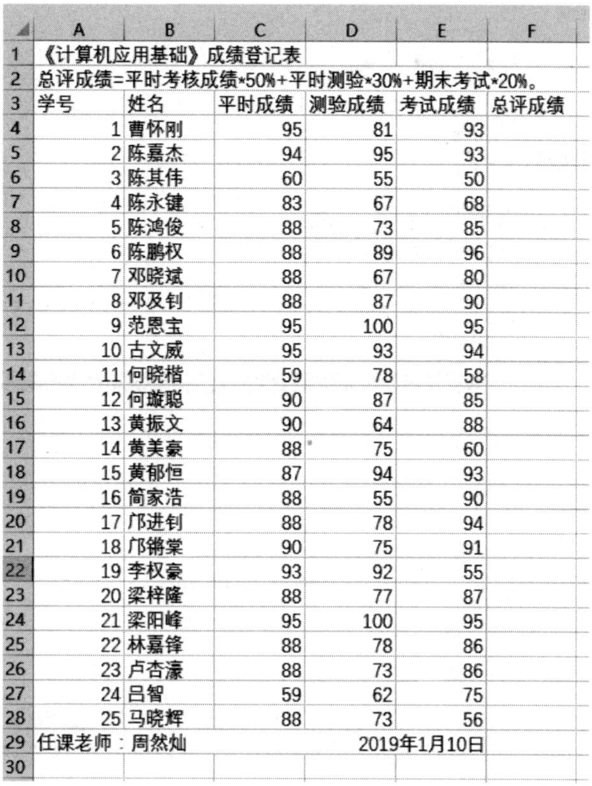

图 5-40　输入数据

② 选中 A1～F1 单元格,单击【开始】→【对齐方式】→【合并后居中】。

③ 右击行号 1,把第 1 行的行高设置为 20。

④ 选中 A2 单元格,设置字体为宋体、10 磅。

⑤ 选中 A2～F2 单元格,单击【开始】→【对齐方式】→【合并后居中】。

⑥ 选中 A29 单元格,设置字体为宋体、10 磅。

⑦ 选中 A29～F29 单元格,单击【开始】→【对齐方式】→【合并后居中】。

⑧ 选中表格内容设置字体为宋体、10 磅。

(3) 计算总评成绩。

① 选中 F4 单元格,把光标移动至编辑栏上输入“＝C4＊50％＋D4＊30％＋E4＊20％”后回车。

② 把鼠标光标移至 F4 单元格的右下角→出现“＋”符号→单击并拖动至 F28 单元格→完成全班总评成绩计算。

③ 选中 F4～F28 单元格,右击设置【单元格格式】→【数值】中“小数位数”修改为“0”,如图 5-41 所示。

(4) 为表格添加边框及突出显示不及格分数。

① 选中 A3～F28 单元格,单击菜单栏中的【开始】→【字体】→【边框】→【其他边框】,进行表格边框的设置,如图 5-42 所示。

图 5-41　计算总评成绩

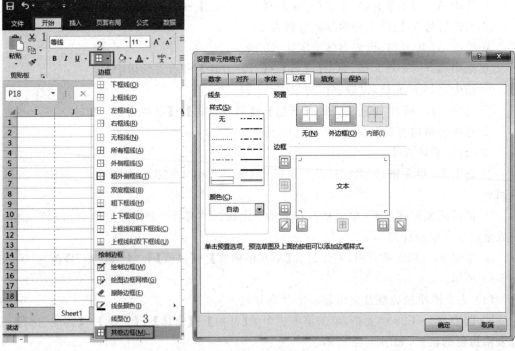

图 5-42　设置表格的边框

② 选中 C4～F28 单元格,单击菜单中的【开始】→【样式】→【条件格式】→【突出显示单元格规则】→【小于】,设置为 60;浅红填充色深红色文本,如图 5-43 所示。

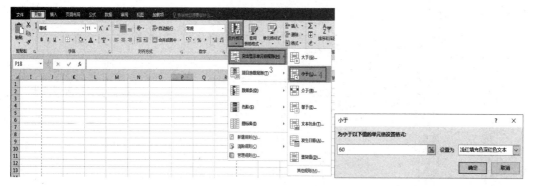

图 5-43 设置突出显示单元格

(5)单击【保存】按钮 完成编辑。

5.3.2 制作学生操行评定表(IF 函数使用)

制作学生操行评定表

1. 主要内容

制作"学生学期操行成绩统计表",效果如图 5-44 所示。

学 生 学 期 操 行 成 绩 统 计 表									
编号:QD-1806-02		版本号:E/1			流水号:2300601				
班级: 18网络高级3 班			2018-2019年 第 1 学期						
学号	姓 名	各月操行综合评定成绩					学期总评成绩	评定等级	备注
		9月	10月	11月	12月	1月			
1	曹怀刚	90	92	92	90	90	91	优	
2	陈嘉杰	93	93	93	93	93	93	优	
3	陈其伟	80	70	70	90	80	78	中	
4	陈永键	90	84	84	90	84	86	良	
5	陈鸿俊	90	90	90	90	90	90	优	
6	陈鹏权	90	90	90	90	90	90	优	
7	邓晓斌	93	93	93	93	93	93	优	
8	邓及钊	70	70	70	70	70	68	合格	
9	范恩宝	91	90	95	90	90	91	优	
10	古文威	93	93	93	93	93	93	优	
11	何晓楷	90	90	90	90	80	88	良	
12	何璇聪	93	93	93	93	93	93	优	
13	黄振文	90	90	80	90	90	88	良	
14	黄美豪	93	93	93	93	93	93	优	
15	黄郁恒	60	50	60	50	60	56	不合格	
班主任签名									
日期									
注:学期总评成绩(90-100)="优",(80-69)="良",(70-79)="中",(60-69)="合格(0-59)"=不合格"									

图 5-44 制作《学生学期操行成绩统计表》

2. 主要过程

（1）启动 Excel 2016，新建"工作簿 1"，将文档以文件名"学生学期操行成绩统计表"另存在桌面。在对应的单元格中输入数据，如图 5-45 所示。

	A	B	C	D	E	F	G	H	I	J	K
1	学 生 学 期 操 行 成 绩 统 计 表										
2	编号：QD－1806－02		版本号：E/1			流水号：2300601					
3	班级：18网络高级3 班			2018-2019年 第 1 学期							
4	学号	姓 名	各月操行综合评定成绩					学期总	评定等级	备　　注	
5			9月	10月	11月	12月	1月				
6		1 曹怀刚	90	92	92	90	90				
7		2 陈嘉杰	93	93	93	93	93				
8		3 陈其伟	80	70	70	90	80				
9		4 陈永健	90	84	84	90	84				
10		5 陈鸿俊	90	90	90	90	90				
11		6 陈鹏权	90	90	90	90	90				
12		7 邓晓斌	93	93	93	93	93				
13		8 邓及钊	70	70	60	70	70				
14		9 范恩宝	91	90	95	90	90				
15		10 古文威	93	93	93	93	93				
16		11 何晓楷	90	90	90	90	80				
17		12 何璇聪	93	93	93	93	93				
18		13 黄振文	90	90	80	90	90				
19		14 黄美豪	93	93	93	93	93				
20		15 黄郁恒	60	50	60	50	60				
21		班主任签名									
22		日期									
23	注：学期总评成绩（90-100）="优"，（80-89）="良"，（70-79）="中"，（60-69）="合格（0-59）"=不合格"										
24											

图 5-45　输入数据

（2）设置表格边框及格式，具体步骤如下。

① 选中 A2～J23 单元格。单击菜单栏中的【开始】→【字体】→【边框】→【所有框线】，设置表格边框，如图 5-46 所示。

图 5-46　设置表格边框

② 对表格中的单元格进行合并。选定需合并单元格，然后右击选择【合并后居中】，如图 5-47 所示。

③ 设置 A23 单元格格式。然后右击选择【设置单元格格式】为靠左对齐、自动换行，如图 5-48 所示。

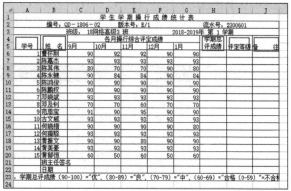

图 5-47　对表格中的单元格进行合并

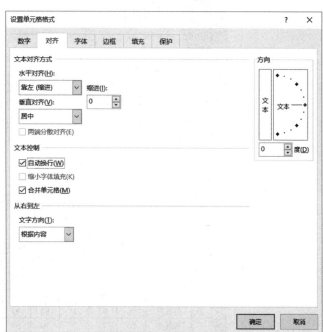

图 5-48　设置单元格式

（3）美化表格具体步骤如下。

① 设置标题字体格式为宋体、12 磅、加粗。

② 设置 A2、A3 单元格字体格式为宋体、10 磅。

③ 设置 A4～J22 单元格字体格式为宋体、12 磅、居中对齐，如图 5-49 所示。

图 5-49　设置单元格字体格式

④ 设置第 1~4 行、6~22 行的行高为 20，第 5、23 行的行高为 30。

⑤ 设置 A 列列宽为 4，B 列列宽为 10，C~J 列列宽为 6，如图 5-50 所示。设置后的效果如图 5-51 所示。

图 5-50　设置列宽

学 生 学 期 操 行 成 绩 统 计 表									
编号：QD-1806-02		版本号：E/1				流水号：2300601			
班级：18网络高级3 班			2018-2019年 第 1 学期						
学号	姓 名	各月操行综合评定成绩					学期总评成绩	评定等级	备注
		9月	10月	11月	12月	1月			
1	曹怀刚	90	92	92	90	90			
2	陈嘉杰	93	93	93	93	93			
3	陈其伟	80	70	70	90	80			
4	陈永键	90	84	84	90	84			
5	陈鸿俊	90	90	90	90	90			
6	陈鹏权	90	90	90	90	90			
7	邓晓斌	93	93	93	93	93			
8	邓及钊	70	70	60	70	70			
9	范恩宝	91	90	95	90	90			
10	古文威	93	93	93	93	93			
11	何晓楷	90	90	90	90	80			
12	何璇聪	93	93	93	93	93			
13	黄振文	90	90	80	90	90			
14	黄美豪	93	93	93	93	93			
15	黄郁恒	60	50	60	50	60			
班主任签名									
日期									
注：学期总评成绩（90-100）="优"，（80-89）="良"，（70-79）="中"，（60-69）="合格（0-59）"=不合格"									

图 5-51　设置后的效果

（4）用函数计算"学期总评成绩"及"评定等级"。

① 选中 H6 单元格，单击【公式】→【函数库】→【插入函数】→【AVERAGE】（求和），如图 5-52 所示；单击【确定】按钮，在弹出的界面中单击"Number1"右面的 圐 图标，选中 C6～G6 单元格（或输入 C6：G6），即可计算出"曹怀刚"的学期总评成绩，如图 5-53 所示。

图 5-52　函数计算

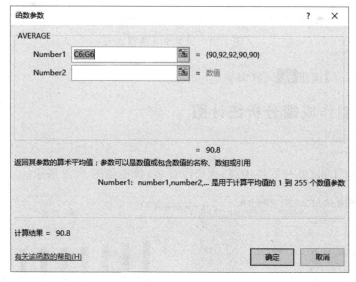

图 5-53　选择计算范围

② 把鼠标光标移至 H6 单元格的右下角→出现"＋"符号→单击并拖动至 H20 单元格→完成学期总评成绩计算。

③ 选定 I6 单元格，在编辑栏中输入"＝IF（H6＞＝90，"优"，IF（H6＞＝80，"良"，

IF(H6＞＝70,"中",IF(H6＞＝60,"合格","不合格")))))" 完成"评定等级"计算。

④ 把鼠标光标移至 I6 单元格的右下角→出现"＋"符号→单击并拖动至 I20 单元格→完成全班"评定等级"计算。

⑤ 选定 H6～I20 单元格,设置字体填充颜色为白色深色 15％。

⑥ 选定 H6～H20 单元格,设置单元格格式为数值,小数位数为 0,如图 5-54 所示。

图 5-54　设置单元格格式

(5) 单击【保存】按钮 完成编辑。

5.3.3　制作成绩分析统计图

1. 主要内容

制作 18 机电 1 班《办公软件中级》成绩统计表,效果如图 5-55 所示。

制作成绩分析统计图

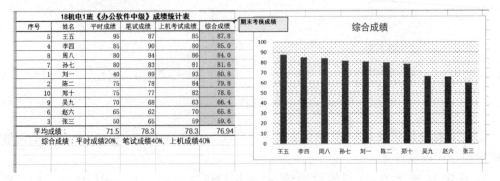

图 5-55　成绩统计表

2. 主要过程

（1）启动 Excel 2016，新建"工作簿 1"，将文档以文件名"18 机电 1 班《办公软件中级》成绩统计表"另存在桌面。在对应的单元格中输入数据，如图 5-56 所示。

（2）用公式计算综合成绩（综合成绩＝平时成绩×20％＋笔试成绩×40％＋上机成绩×40％）和平均成绩。

① 选中 F3 单元格，在编辑栏中输入"＝C3＊20％＋D3＊40％＋E3＊40％"并按回车键。

② 把鼠标光标移至 F3 单元格，右下角出现"＋"符号时，单击鼠标左键并拖动至 F12 单元格完成全班综合成绩计算。

③ 在 A13 单元格中输入文字"平均成绩："→选中 A13、B13 单元格，单击【对齐方式】→【合并后居中】→选中 C13 单元格，单击【编辑】中 Σ□ 按钮，选中【平均值】完成"平时成绩"的计算，把鼠标光标移至 13 单元格的右下角→出现"＋"符号→单击并拖动至 F13 单元格→完成平时成绩计算，如图 5-57 所示。

I12			×	✓	fx	
	A	B	C	D	E	F
1	18机电1班《办公软件中级》成绩统计表					
2	序号	姓名	平时成绩	笔试成绩	上机考试成绩	综合成绩
3	1	刘一	40	89	93	
4	2	陈二	75	78	84	
5	3	张三	50	65	59	
6	4	李四	85	90	80	
7	5	王五	95	87	85	
8	6	赵六	65	62	70	
9	7	孙七	80	83	81	
10	8	周八	80	84	86	
11	9	吴九	70	68	63	
12	10	郑十	75	77	82	
13						
14	综合成绩：平时成绩20%，笔试成绩40%，上机成绩40%					
15						

图 5-56 输入数据

	A	B	C	D	E	F
1	18机电1班《办公软件中级》成绩统计表					
2	序号	姓名	平时成绩	笔试成绩	上机考试成绩	综合成绩
3	1	刘一	40	89	93	80.8
4	2	陈二	75	78	84	79.8
5	3	张三	50	65	59	59.6
6	4	李四	85	90	80	85
7	5	王五	95	87	85	87.8
8	6	赵六	65	62	70	65.8
9	7	孙七	80	83	81	81.6
10	8	周八	80	84	86	84
11	9	吴九	70	68	63	66.4
12	10	郑十	75	77	82	78.6
13	平均成绩：		71.5			
14	综合成绩：平时成绩20%，笔试成绩40%，上机成绩40%					
15						

图 5-57 用公式计算综合成绩

（3）将"综合成绩"按递减顺序排序。

① 选中成绩表的 A2～F12 单元格。

② 单击菜单栏中的【数据】→【排序和筛选】→【排序】，如图 5-58 所示，主要关键字选择【综合成绩】→【数值】→【降序】，然后单击【确定】按钮。

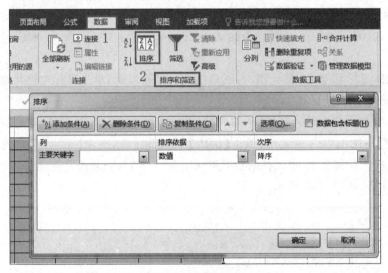

图 5-58　将【综合成绩】按降序排序

（4）为"综合成绩"单元格添加批注为"期末考核成绩"并显示。

① 右击"综合成绩"单元格，选择 插入批注(M) 命令，输入"期末考核成绩"。

② 再次右击"综合成绩"单元格，选择 显示/隐藏批注(O) 命令，显示批注。

（5）设置统计表单元格式，标题字体为黑体，11 磅，加粗，合并居中；为表格添加边框，设置"综合成绩"颜色为【黄色淡色 80％】。

① 选择标题单元格 A1，单击菜单栏中的【开始】，在【字体】工具中设置为加粗，黑体，11 磅，如图 5-59 所示。

② 选中 A1～F1 单元格，单击菜单栏中的【开始】，在【对齐方式】中选择【合并后居中】。

③ 选中 A2～F13 单元格，单击菜单栏中的【开始】→【字体】工具→【边框】→【其他边框】，设置表格的边框，如图 5-60 所示。

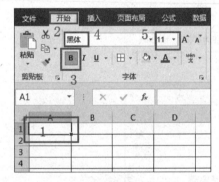

图 5-59　设置统计表单元格式

18机电1班《办公软件中级》成绩统计表					
序号	姓名	平时成绩	笔试成绩	上机考试成绩	综合成绩
5	王五	95	87	85	87.8
4	李四	85	90	80	85
8	周八	80	84	86	84
7	孙七	80	83	81	81.6
1	刘一	40	89	93	80.8
2	陈二	75	78	84	79.8
10	郑十	75	77	82	78.6
9	吴九	70	68	63	66.4
6	赵六	65	62	70	65.8
3	张三	50	65	59	59.6
平均成绩：		71.5	78.3	78.3	76.94
综合成绩：平时成绩20%，笔试成绩40%，上机成绩40%					

图 5-60　单元格边框

④ 选中 F3～F12 单元格,单击菜单栏中的【开始】,在字体工具中选择填充颜色为【黄色淡色 80％】。

(6) 创建由姓名和综合成绩构成的图表。

① 选中姓名和综合成绩数据即选中 B2～B12 后按住【Ctrl 键】,再选中 F2～F12 单元格,单击【插入】→【图表】→【插入柱形图或条形图】→【簇状柱形图】,如图 5-61 所示。

② 选中图表,单击【图表工具】→【布局】→【当前所选内容】→【选择绘图区】→【设置所选内容格式】→【填充】→【图案填充】选择"5％",如图 5-62 所示。

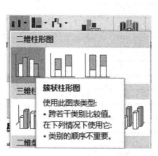

图 5-61　创建图表

图 5-62　设置图表格式

(7) 单击【保存】按钮 完成编辑。

5.3.4　制作加班补贴汇总表(数据有效性及 VLOOKUP 函数的使用)

制作加班补贴
汇总表

1. 主要内容

制作加班补贴汇总表,效果如图 5-63 所示。

加班补贴汇总表							
员工编号	姓名	性别	部门	职级	补贴标准/小时	加班时长	应发补贴
SH0001	刘锦军	男	业务部	L3	¥50	23	¥　1,150
SH0010	余继业	男	技术部	L5	¥30	24	¥　720
SH0012	曾施敏	女	技术部	L5	¥30	5	¥　150
SH0013	张嘉毅	女	技术部	L5	¥30	8	¥　240
SH0024	关康鹏	男	财务部	L5	¥30	12	¥　360
SH0025	何锐华	男	财务部	L5	¥30	42	¥　1,260
SH0030	黄远就	男	人事部	L5	¥30	12	¥　360
SH0031	黄启峰	男	人事部	L5	¥30	28	¥　840
SH0035	黎炜秋	女	物流部	L4	¥40	6	¥　240
SH0036	李彩仙	女	办公室	L5	¥30	60	¥　1,800

图 5-63　加班补贴汇总表

2. 主要过程

(1) 启动 Excel 2016,新建"工作簿 1",将文档以文件名"加班补贴计算"保存,在对应的单元格中输入数据,如图 5-64 所示。

(2) 创建工作表 Sheet2 并改名为"加班补贴汇总表"。

（3）录入文字并利用【设置单元格格式】中的【边框】为表格添加边框，如图 5-65 和图 5-66 所示。

员工编号	姓名	性别	部门	职级	补贴标准/小时
SH0001	刘锦军	男	业务部	L3	50
SH0002	欧继高	男	业务部	L3	50
SH0003	邵俊	男	业务部	L5	30
SH0004	谭俊易	男	业务部	L4	40
SH0005	伍秀国	男	业务部	L5	30
SH0006	肖卓宇	男	业务部	L3	50
SH0007	杨顺荣	男	业务部	L5	30
SH0008	叶俊绅	男	业务部	L5	30
SH0009	叶天亮	男	业务部	L5	30
SH0010	余继业	男	技术部	L5	30
SH0011	袁俊贤	男	技术部	L3	50
SH0012	曾施敏	女	技术部	L5	30
SH0013	张嘉毅	女	技术部	L5	30
SH0014	郑劲生	男	技术部	L5	30
SH0015	邹俊辉	男	技术部	L4	40
SH0016	蔡伟煜	男	技术部	L5	30
SH0017	陈咏欣	女	技术部	L3	50
SH0018	陈兆聪	男	技术部	L5	30
SH0019	陈文杰	男	技术部	L5	30
SH0020	陈宗本	男	技术部	L5	30

图 5-64　加班补贴计算

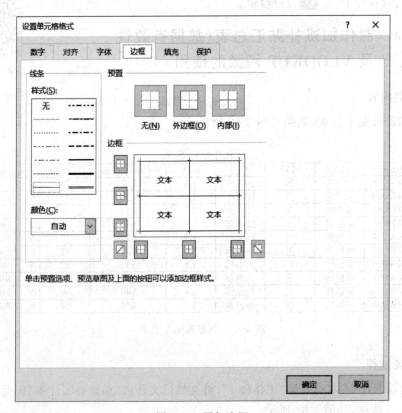

图 5-65　添加边框

加班补贴汇总表

员工编号	姓名	性别	部门	职级	补贴标准/小时	加班时长	应发补贴

图 5-66　添加边框后效果

（4）为员工编号数据添加数据验证，以防输入员工编号时有误。

① 选中 A3～A12 单元格，单击菜单栏中的【数据】→【数据工具】→【数据验证】，如图 5-67 所示。

图 5-67　数据验证

② 如图 5-68 所示，设置【数据验证】→【允许】为"序列"，【来源】为"＝员工基本信息表！＄A＄2：＄A＄39"。

图 5-68　设置数据验证

③ 如图 5-69 所示,设置出错警告样式为"停止",输入标题及错误信息内容分别为"输入员工编号有误""输入的员工编号有误,请查实后再输入"。

图 5-69 设置出错警告样式

(5)录入员工编号,如图 5-70 所示。

加班补贴汇总表							
员工编号	姓名	性别	部门	职级	补贴标准/小时	加班时长	应发补贴
SH0001							
SH0010							
SH0012							
SH0013							
SH0024							
SH0025							
SH0030							
SH0031							
SH0035							
SH0036							

图 5-70 录入员工编号

(6)利用 VLOOKUP 函数为表格自动生成姓名、性别、部门、职级、补贴标准/小时等数据。

① 自动生成姓名数据:选中 B3 单元格,单击菜单栏中的【公式】→【插入函数】,选择 VLOOKUP 函数。

② 设置 VLOOKUP 函数参数,如图 5-71 所示。

VLOOKUP 参数说明如下。

Lookup_value:需要在数据表首列进行搜索的值,这里选择 A3 单元格。

Table_array:需要在其中搜索数据的信息表,这里选择员工基本信息表中的 A~F 列。

Col_index_num:满足条件的单元格在数组区域 table array 中的列序号,首列序号为 1,这里输入"2"(性别为 3,部门为 4,职级为 5,以此类推)。

Range_lookup:指定在查找时是要求精确匹配,还是大致匹配。如果为 FALSE,大致匹配。如果为 TRUE 或忽略,精确匹配;这里输入 0 或 FALSE。

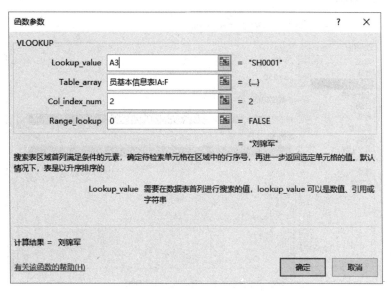

图 5-71　设置 VLOOKUP 函数参数

（7）参照自动生成姓名的方法自动生成性别、部门、职级、补贴标准/小时数中的数据，把鼠标光标移至对应的单元格的右下角→出现"＋"符号→单击并拖动→完成数据输入，如图 5-72 所示。

加班补贴汇总表

员工编号	姓名	性别	部门	职级	补贴标准/小时	加班时长	应发补贴
SH0001	刘锦军	男	业务部	L3	50		
SH0010	余继业	男	业务部	L3	50		
SH0012	曾施敏	女	技术部	L5	30		
SH0013	张嘉毅	女	技术部	L5	30		
SH0024	关康鹏	男	业务部	L3	50		
SH0025	何锐华	男	业务部	L3	50		
SH0030	黄远就	男	业务部	L3	50		
SH0031	黄启峰	男	业务部	L3	50		
SH0035	黎炜秋	女	技术部	L5	30		
SH0036	李彩仙	女	技术部	L5	30		

图 5-72　自动生成数据

（8）参照效果图录入加班时长，利用公式计算应发补贴。

① 选中 H3 单元格，在公式栏中录入"＝F3＊G3"，按回车键。

② 把鼠标移至 H3 单元格的右下角→出现"＋"符号→单击并拖动至 H12 单元格→完成数据计算。

（9）设置补贴标准/小时、应发补贴单元格格式为货币。

选中 F2～F12 单元格及 H3～H12 单元格（可按【Ctrl】键进行选择），如图 5-73 所示，设置单元格格式。

图 5-73　设置单元格格式

第6章

Microsoft PowerPoint 2016 的应用

本章要点：PowerPoint 2016 是常用的演示文稿制作软件，在企业宣传、产品推介、技术培训、项目竞标、管理咨询、教育教学、工作汇报等领域得到广泛应用。

本章知识介绍：PowerPoint 2016 基本知识，启动 PowerPoint、PowerPoint 窗口的基本组成、SmartArt 图形制作、PowerPoint 排版等。

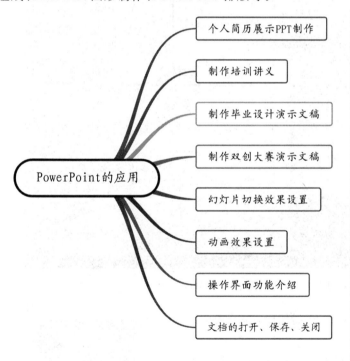

学习目的

1. 掌握 PowerPoint 2016 的启动与退出，文档的创建、打开、保存与关闭的基本操作；

2. 掌握 PowerPoint 2016 操作界面及按钮功能；

3. 掌握 PowerPoint 2016 新建"演示文稿"的方法；

4. 掌握 PowerPoint 2016 设置幻灯片切换效果、幻灯片对像动画效果设置方法；

5. 学会使用 PowerPoint 2016 制作个人简历、培训演示文稿；

6. 掌握 PowerPoint 2016 页面设置、放映与打印方法。

本章重点

1. PowerPoint 2016 的启动与退出，文档的创建、打开、保存与关闭的基本操作；

2. PowerPoint 2016 设置幻灯片切换效果、幻灯片对像动画效果设置。

146 计算机应用基础

6.1 PowerPoint 2016 基本操作

学习要求

（1）掌握 PowerPoint 2016 的启动与退出，文档的创建、打开、保存与关闭的基本操作；

（2）掌握 PowerPoint 2016 操作界面及按钮功能。

6.1.1 PowerPoint 2016 启动与文档操作

1. 启动 PowerPoint 2016

启动 PowerPoint 2016 可以有多种方法。

（1）执行【开始】→【所有程序】→【PowerPoint 2016】命令，启动 PowerPoint 2016，如图 6-1 所示。

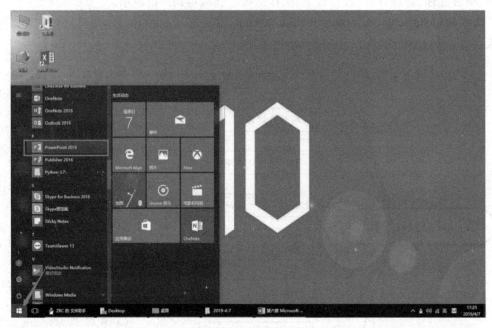

图 6-1 【开始】菜单中启动 PowerPoint 2016

（2）双击桌面上的【PowerPoint 2016】快捷方式图标，启动 PowerPoint 2016，如图 6-2 所示。

（3）右击执行【开始】→【运行】命令，在弹出的【运行】对话框中输入"powerpnt"，单击【确定】按钮（或者按【Enter】键），启动 PowerPoint 2016，如图 6-3 所示。

无论用上面哪种方式启动 PowerPoint 2016，都能创建一个空白文档，文档默认文件名为"演示文稿 1"，如图 6-4 所示。

图 6-2 桌面上的快捷
方式图标

图 6-3 在【运行】对话框中启动 PowerPoint 2016

图 6-4 创建一个空白文档

2. PowerPoint 2016 文档保存、关闭和打开

（1）单击菜单栏中的【文件】按钮，如图 6-5 所示；单击【保存】→【浏览】按钮，如图 6-6 所示。

图 6-5 单击菜单栏中的【文件】按钮

图 6-6　单击【保存】→【浏览】按钮

（2）单击【桌面】（Desktop）按钮，在【文件名】文本框中输入文件名（例如："个人简历"）然后单击【保存】按钮，如图 6-7 所示。

图 6-7　保存文档

（3）在窗口按钮中有 ▬ 最小化、▢ 最大化和 ✖ 关闭按钮。单击 ✖ 按钮关闭文档。此时桌面上生成 ▣ 文件，只要双击该图标即可打开文件，以对其进行编辑。

6.1.2　操作界面功能介绍

1. 操作主菜单界面

PowerPoint 2016 操作主菜单界面由【文件】、【开始】、【插入】、【设计】、【切换】、【动画】、【幻灯片放映】、【审阅】、【视图】等组成，还包括【保存】🖫、【撤销】↶、【恢复】↷等，如图 6-8 所示。

图 6-8　PowerPoint 2016 操作主菜单界面

单击🖫按钮保存文件。养成良好的习惯定期保存文件，以免因为计算机故障或停电等原因导致文件丢失。单击↶按钮撤销上一步操作，单击↷按钮恢复上一步的操作。

2.【文件】菜单功能介绍

PowerPoint 2016【文件】菜单界面如图 6-9 所示。

图 6-9　【文件】菜单界面

PowerPoint 2016【文件】菜单功能介绍如图 6-10 所示。

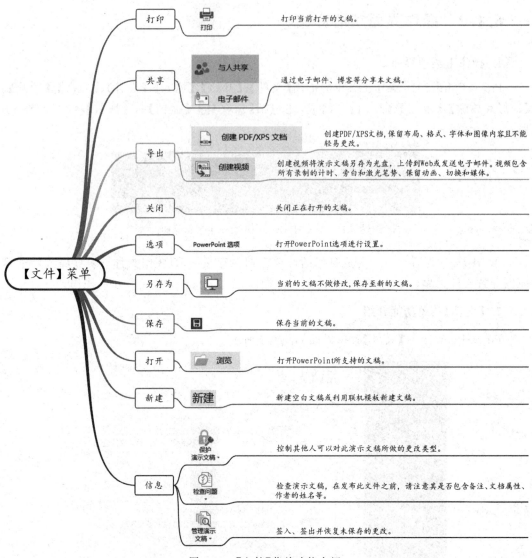

图 6-10 【文件】菜单功能介绍

3.【开始】菜单功能介绍

PowerPoint 2016【开始】菜单界面如图 6-11 所示。

图 6-11 【开始】菜单界面

PowerPoint 2016【开始】菜单功能介绍如图 6-12 所示。

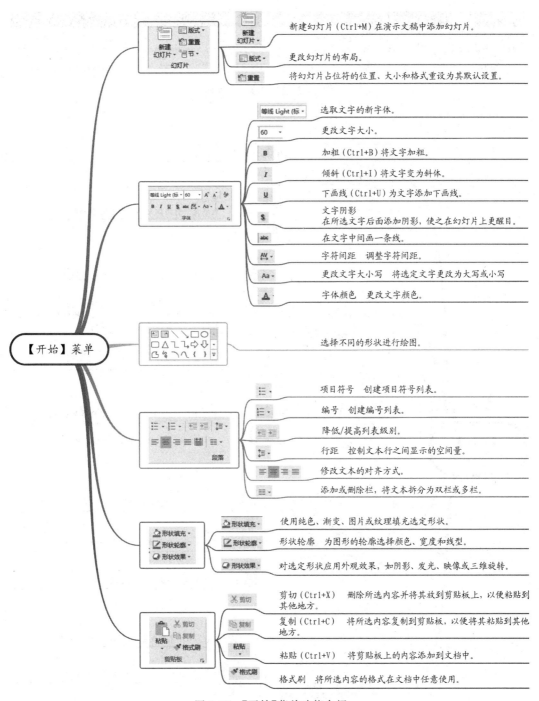

图 6-12 　【开始】菜单功能介绍

4.【插入】菜单功能介绍

PowerPoint 2016【插入】菜单界面如图 6-13 所示。

PowerPoint 2016【插入】菜单功能介绍如图 6-14 所示。

图 6-13 【插入】菜单界面

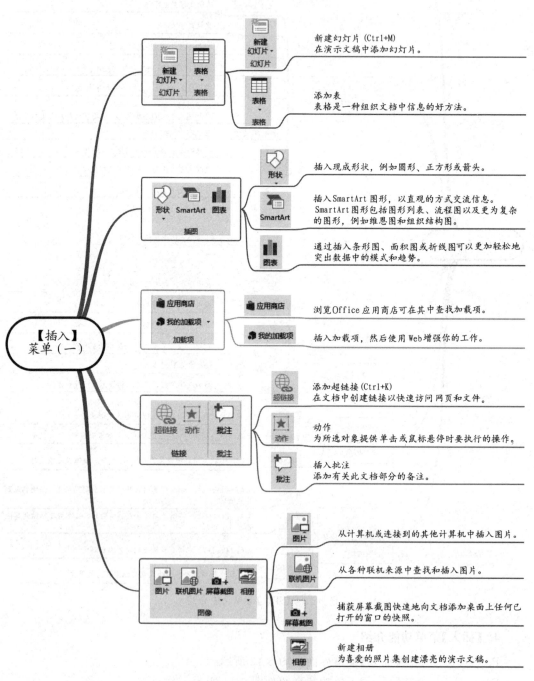

图 6-14 【插入】菜单功能介绍

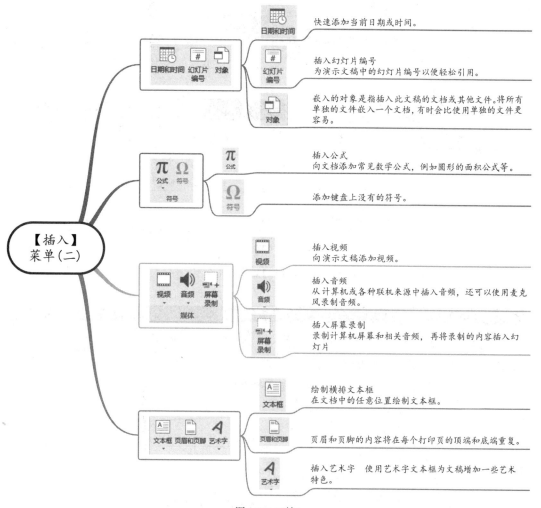

图　6-14（续）

5.【设计】菜单功能介绍

PowerPoint 2016【设计】菜单界面，如图 6-15 所示。

图 6-15　【设计】菜单界面

PowerPoint 2016【设计】菜单功能介绍如图 6-16 所示。

6.【切换】菜单功能介绍

PowerPoint 2016【切换】菜单界面如图 6-17 所示。

PowerPoint 2016【切换】菜单功能介绍如图 6-18 所示。

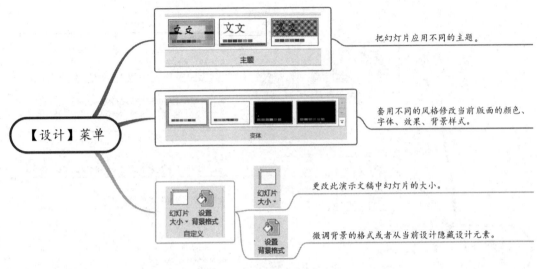

图 6-16 【设计】菜单功能介绍

图 6-17 【切换】菜单界面

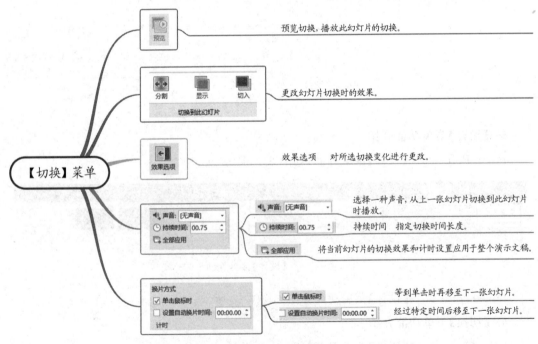

图 6-18 【切换】菜单功能介绍

7.【动画】菜单功能介绍

PowerPoint 2016【动画】菜单界面如图 6-19 所示。

图 6-19　【动画】菜单界面

PowerPoint 2016【动画】菜单功能介绍如图 6-20 所示。

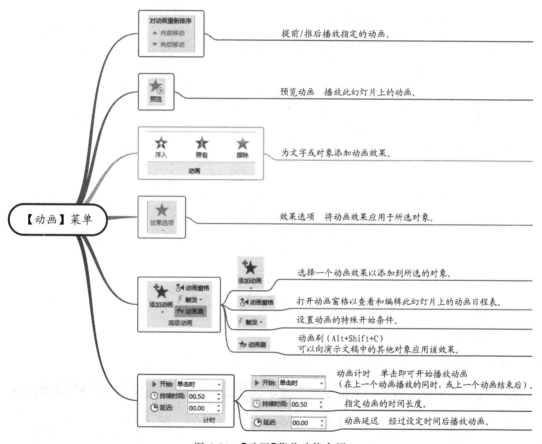

图 6-20　【动画】菜单功能介绍

8.【幻灯片放映】菜单功能介绍

PowerPoint 2016【幻灯片放映】菜单界面如图 6-21 所示。

图 6-21　【幻灯片放映】菜单界面

PowerPoint 2016【幻灯片放映】菜单功能介绍如图 6-22 所示。

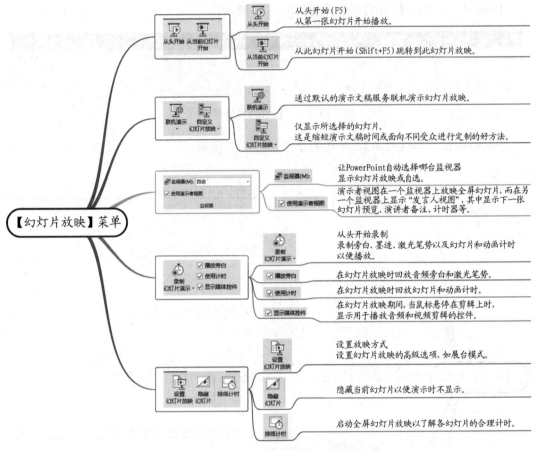

图 6-22　【幻灯片放映】菜单功能介绍

9.【审阅】菜单功能介绍

PowerPoint 2016【审阅】菜单界面如图 6-23 所示。

图 6-23　【审阅】菜单界面

PowerPoint 2016【审阅】菜单功能介绍如图 6-24 所示。

10.【视图】菜单功能介绍

PowerPoint 2016【视图】菜单界面如图 6-25 所示。

PowerPoint 2016【视图】菜单功能介绍如图 6-26 所示。

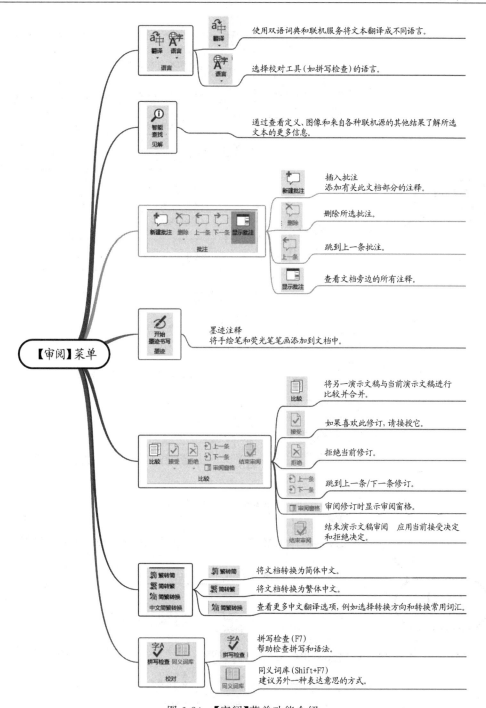

图 6-24 【审阅】菜单功能介绍

图 6-25 【视图】菜单界面

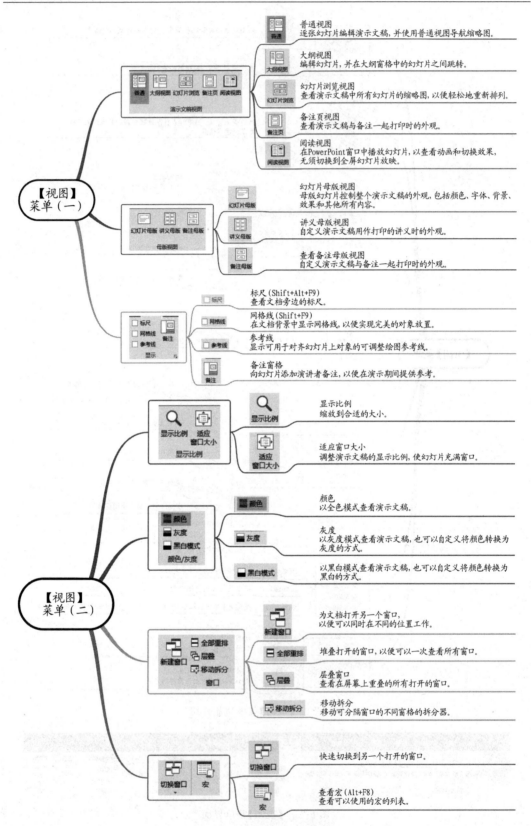

图 6-26 【视图】菜单功能介绍

6.2　PowerPoint 2016 常用操作实例

学习要求

（1）掌握 PowerPoint 2016 新建"演示文稿"方法；

（2）掌握 PowerPoint 2016 主题设置，幻灯片切换、动画效果，母版视图的设置方法；

（3）掌握 PowerPoint 2016 SmartArt 图形的使用和方法；

（4）掌握 PowerPoint 2016 个人简历、介绍演示文稿的基本编辑制作方法，应用幻灯片主题来制作有个性的幻灯片；页面设置、放映与打印方法。

制作个人简历展示

6.2.1　制作个人简历展示 PPT

1. 主要内容

按要求制作个人简历，效果如图 6-27 所示。

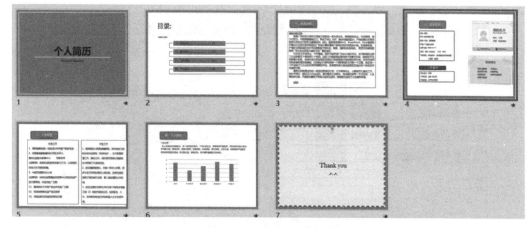

图 6-27　个人简历 PPT 效果图

2. 主要过程

（1）新建并保存文档

启动 PowerPoint 2016，新建"空白演示文稿"，出现首张"标题幻灯片"版式的幻灯片，如图 6-28 所示；将演示文稿以文件名"个人简历"保存在桌面中。

（2）应用幻灯片主题

① 单击【设计】→【主题】→【其他】按钮，打开下拉菜单，在内置主题列表中单击【基础】主题，将选中的主题应用到幻灯片中，如图 6-29 所示。

② 设置幻灯片大小，选择【设计】→【幻灯片大小】→【标准(4：3)】选项，如图 6-30 所示。

（3）编辑幻灯片

① 制作第一张幻灯片。

单击【单击此处添加标题】占位符，输入标题"个人简历"，并将其字体设置为微软雅黑、60 磅、加粗、居中。

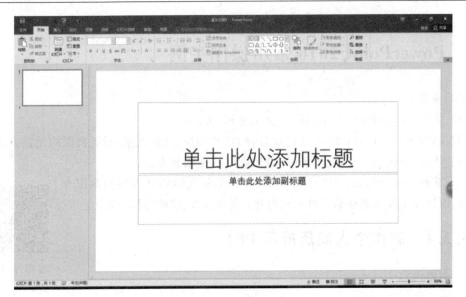

图 6-28　新建空白演示文稿

图 6-29　应用幻灯片主题

图 6-30　设置幻灯片大小

单击【单击此处添加副标题】占位符，输入副标题"Personal Resume"，并将其字体设置为微软雅黑、18 磅，如图 6-31 所示。

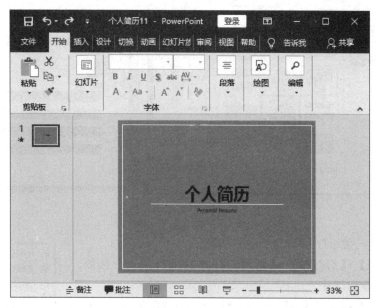

图 6-31　第一张幻灯片

② 制作第二张幻灯片。

单击【开始】→【幻灯片】→【新建幻灯片】按钮，插入一张版式为"标题和内容"的新幻灯片，如图 6-32 所示。

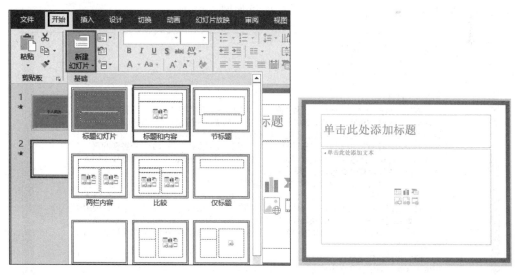

图 6-32　第二张幻灯片

单击【单击此处添加标题】占位符，在该文本框中输入"目录："并将其字体设置为微软雅黑、40 磅，输入 DIRECTORY，字体设置为微软雅黑、18 磅。

单击【插入】→【SmartArt】→【垂直框列表】创建演示文稿幻灯片，如图 6-33 所示。

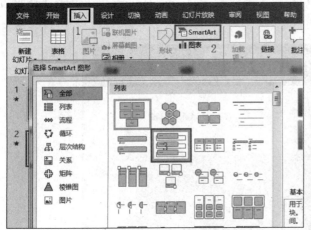

图 6-33　插入 SmartArt 图形

③ 制作第三张幻灯片。

单击【开始】→【幻灯片】→【新建幻灯片】按钮,插入一张版式为"空白"的新幻灯片。

单击【插入】→【形状】→【矩形】→【圆角矩形】按钮,在左上方添加"圆角矩形"并调整其大小。

右击【圆角矩形】,选择【编辑文字】选项,如图 6-34 所示,输入"一、自我介绍"。

图 6-34　编辑文字

单击【插入】→【文本框】按钮,在指定的位置上添加文本框,并把素材中"自我介绍.txt"中的文字复制进来,设置字体大小为 14 磅,效果如图 6-35 所示。

> **一、自我介绍**
> Self-introduction
>
> 尊敬的面试官:
> 　我是广州机电学院电子信息工程系的一名大四学生,即将面临毕业。在校期间,我学习努力,不断完善超越自己,养成了独立 分析,解决问题的能力,严峻的就业形势使我努力夯实自己的专业基础知识;同时,能熟练运用Word、PowerPoint、Excel表格制作等办公自动化软件和通过广东省计算机等级二级网页制作和英语六级。更重要的是,严谨的学风和端正的学习态度塑造了我朴实、稳重、创新的性格特点。 而且在校期间曾获得"校学生标兵及少康奖学金"等多项奖。
> 　在社会工作经历上,今年暑假,我在中国电信广州分公司实习过,实习期间的主要工作成果有五个策划和三个活动。这些工作都是我和其他四个同事合作的,短短的45天,收获最大的是,很多时候当你发现你觉得自己的思路和计划很完美的时候,却恰恰说明你的思想和阅历很狭隘,比如我们代表电信跟一个黄冈网校合作那一个方案,我发现一个产品除了它自身的优势和销售的平台,更重要的是它是否能真正的适应某个地区的市场消费习惯。
> 　最后允许我用这样的一段话结束我的介绍:大学即将毕业,大家都在忙着找工作,我也不例外,面试过几次没成功,最近有点心灰意冷,再冷静的思考一下才发现:人生有很多时候,不是因为看到了希望才应该去坚持,而是因为坚持了才会看到希望。
>
> 谢谢!

图 6-35　输入自我介绍

设置文本框形状样式为"彩色轮廓-绿色,强调颜色 1",效果如图 6-36 所示。

图 6-36 设置文本框形状样式

④ 制作第四张幻灯片。

单击【开始】→【幻灯片】→【新建幻灯片】按钮,插入一张版式为"空白"的新幻灯片。

利用【插入】→【图片】按钮分别添加素材中的"获奖情况.jpg""我的名片.jpg"图片并调整好其位置,如图 6-37 所示。

参照制作第三张幻灯片的方法,利用【形状】工具和【文本框】工具添加基本资料、工作意向等内容,如图 6-38 所示。

图 6-37 第四张幻灯片

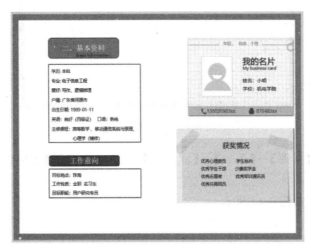

图 6-38 添加内容

⑤ 制作第五张幻灯片。

单击【开始】→【幻灯片】→【新建幻灯片】按钮，插入一张版式为"空白"的新幻灯片。

参照制作第三张幻灯片的方法，利用【形状】工具、【文本框】工具添加社会工作、学生工作等内容，如图 6-39 所示。

⑥ 制作第六张幻灯片。

单击【开始】→【幻灯片】→【新建幻灯片】按钮，插入一张版式为"空白"的新幻灯片。

参照制作前几张幻灯片的方法，利用【形状】工具、【文本框】工具添加"个人特长"的内容，如图 6-40 所示。

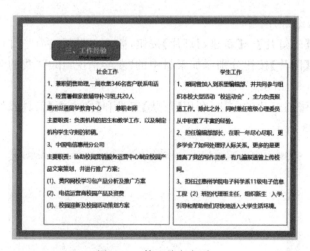

图 6-39　第五张幻灯片

图 6-40　第六张幻灯片

单击【插入】→【插图】→【图表】→【柱形图】→【簇状柱形图】选项添加图表，如图 6-41 所示。

录入图表数据，如图 6-42 所示。

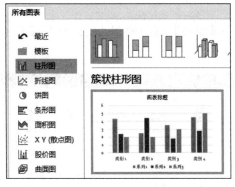

图 6-41 添加图表

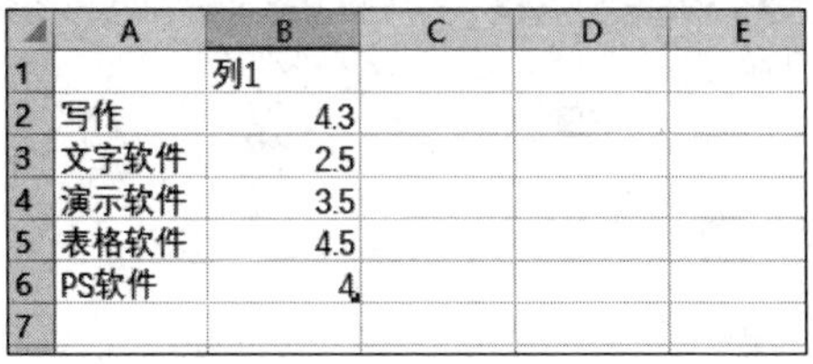

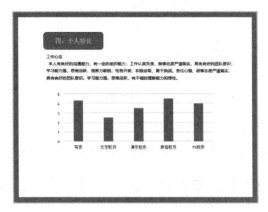

图 6-42 录入图表数据

完成后的效果如图 6-43 所示。

图 6-43 第六张幻灯片效果

⑦ 制作第七张幻灯片。

单击【开始】→【幻灯片】→【新建幻灯片】按钮,插入一张版式为"空白"的新幻灯片。

单击【插入】→【图片】按钮,选择素材中的"纸张.jpg"并调整图片的大小。

单击【插入】→【文本框】按钮,分别添加"Thank you"和"^^"(注:该符号在主键区"6"键里),效果如图 6-44 所示。

图 6-44 第七张幻灯片

3. 设置幻灯片切换效果

（1）选中演示文稿中的任意一张幻灯片，单击【动画】→【切换到此幻灯片】→【其他】按钮，打开【幻灯片切换效果】列表，如图 6-45 所示。

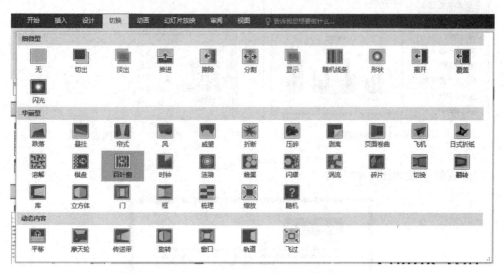

图 6-45　设置"百叶窗"切换效果

（2）在【华丽型】列表中选择"百叶窗"。
（3）单击【全部应用】按钮，将选择的幻灯片切换效果应用于所有幻灯片。

6.2.2　制作"微课制作方法"培训讲义

1. 制作要求

按要求制作一份培训讲义，效果如图 6-46 所示。要求运用 PowerPoint 制作培训讲义，以增强培训效果。

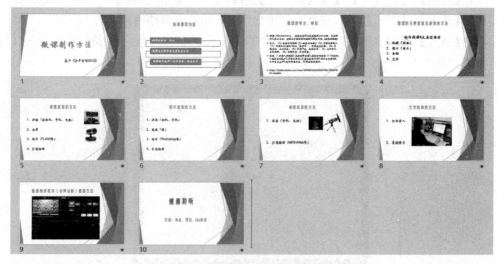

图 6-46　培训讲义效果图

2. 主要内容及过程

（1）新建并保存文档

① 启动 PowerPoint 2016，新建空白演示文稿，出现"标题幻灯片"版式的幻灯片。

② 将演示文稿以文件名"微课制作方法"保存在桌面中。

（2）应用幻灯片主题

① 单击【设计】→【主题】→【其他】按钮，打开如图 6-47 所示的【主题】下拉菜单。

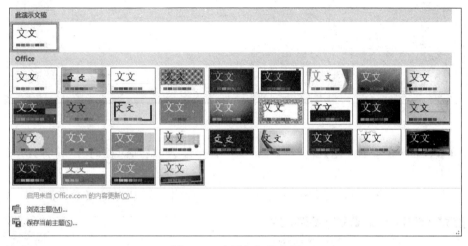

图 6-47 应用幻灯片主题

② 在 PowerPoint 的内置主题列表中单击【平面】主题，将选中的主题应用到幻灯片中。图 6-48 所示为应用"平面"主题后的幻灯片效果。

图 6-48 幻灯片效果

（3）编辑培训讲义

① 制作第一张幻灯片。

单击【单击此处添加标题】占位符，在该文本框中输入标题"微课制作方法"，并将其字体设置为华文行楷、80 磅、居中。

单击【单击此处添加副标题】占位符，在该文本框中输入副标题"《会声会影 2018》"，并将其字体设置为楷体、32 磅。

② 制作第二张幻灯片。

单击【开始】→【幻灯片】→【新建幻灯片】按钮，插入一张版式为"标题和内容"的新幻灯片，如图 6-49 所示。

图 6-49　第二张幻灯片

单击【单击此处添加标题】占位符,在该文本框中输入"培训课程内容"并将其字体设置为方正姚体、36 磅。

单击【SmartArt】按钮,利用 SmartArt 图形创建如图 6-50 所示的演示文稿幻灯片。

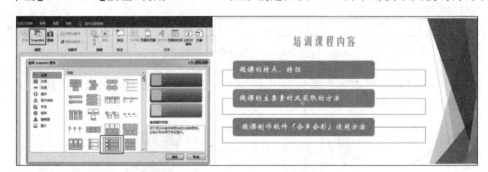

图 6-50　插入 SmartArt 图形

③ 制作第三张幻灯片。

单击【开始】→【幻灯片】→【新建幻灯片】按钮,插入一张版式为"标题和内容"的新幻灯片。

单击【单击此处添加标题】占位符,在该文本框中输入"微课的特点、特征",并将其字体设置为方正姚体、36 磅。

单击【单击此处添加文本】占位符,在该文本框中把素材文档中的文字复制过来,并将其字体设置为华文新魏、22 磅,利用【段落】工具为文本添加项目符号,如图 6-51 所示。

④ 制作第四张幻灯片。

单击【开始】→【幻灯片】→【新建幻灯片】按钮,插入一张版式为"标题和内容"的新幻灯片。

参照第三张幻灯片,添加内容,如图 6-52 所示。

⑤ 制作第五张幻灯片。

右击第四张幻灯片→【复制幻灯片】命令快速新建一张幻灯片,并按如图 6-53 中右图所示修改里面的文字。

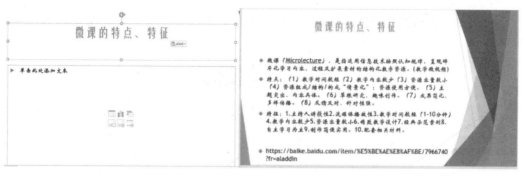

图 6-51　第三张幻灯片

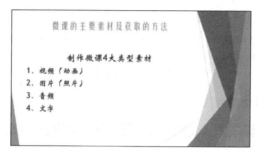

图 6-52　第四张幻灯片

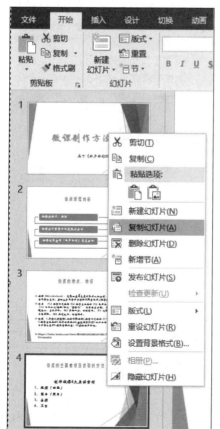

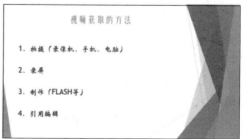

图 6-53　第五张幻灯片

单击【插入】→【图片】按钮,找到计算机素材中的图片为演示文稿添加图片,如图 6-54
所示。

图 6-54　添加图片

⑥ 制作剩下的五张幻灯片。

参照前几张幻灯片的制作方法,制作剩下的五张幻灯片。

提示:制作相类似的幻灯片可通过复制前一张幻灯片后修改其内容。

(4) 设置幻灯片的动画效果

① 选择第一张幻灯片,选中标题文本"微课制作方法",单击【动画】→【其他】按钮,打开
如图 6-55 所示的【动画】样式列表。

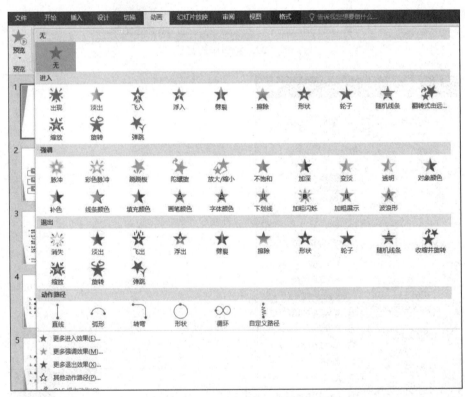

图 6-55　【动画】样式列表

② 单击【进入】→【形状】效果,为标题添加进入动画效果"形状"。

提示:

- PowerPoint 提供对象,将对象动画按设定路径进行展现,可添加进入、强调及退出
  的动画效果,此外还可设置动作路径。

- 如需设置更多的动画效果，可单击【动画】样式列表中的【更多进入效果】选项进行设置。
- 单击【动画】→【效果选项】按钮，打开【效果选项】列表，从列表中选择形状为【菱形】。
- 设置动画速度。单击【动画】→【计时】→【持续时间】选项，设置持续时间为"1 秒（快速）"。
- 同样，选中幻灯片副标题，将其进入效果设置为自左侧擦除，速度为中速（2 秒）。
- 选中其他幻灯片中的对象，为其定义适当的动画效果。

（5）设置幻灯片切换效果

① 选中演示文稿中的任意一张幻灯片，单击【动画】→【切换到此幻灯片】→【其他】按钮，打开如图 6-56 所示的【幻灯片切换效果】列表。

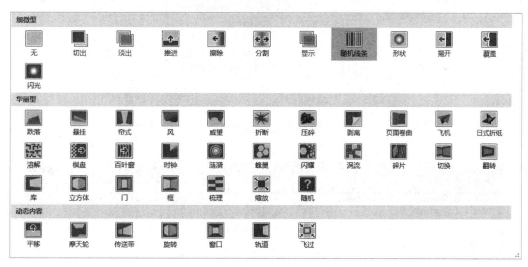

图 6-56　设置"随机线条"切换效果

② 在"细微型"列表中选择"随机线条"。

③ 选择【动画】→【切换到此幻灯片】选项，设置切换持续时间为"1.5 秒"，再将【换片方式】设置为"单击鼠标时"。

④ 单击【全部应用】按钮，将选择的幻灯片切换效果应用于所有幻灯片。

（6）设置演示文稿的放映

① 选择【幻灯片放映】→【设置幻灯片放映】选项，打开如图 6-57 所示的【设置放映方式】对话框。

② 对幻灯片的放映方式进行设置。设置【放映类型】为"演讲者放映（全屏幕）"，【换片方式】为"手动"。

③ 放映幻灯片。演示文稿设置完毕，选择【幻灯片放映】→【开始放映幻灯片】→【从头开始】或【从当前幻灯片开始】选项，可进入幻灯片放映视图，观看幻灯片。

④ 保存演示文稿。

单击【文件】→【保存】按钮或单击左上角■按钮保存，若用户需要将演示文稿直接用于播放，也可将文件类型另存为"PowerPoint 放映"格式，如图 6-58 所示，即文件以".ppsx"格式保存。需注意的是，"PowerPoint 放映"格式的演示文稿不能进行编辑。

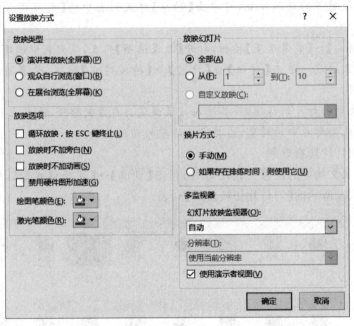

图 6-57　设置放映方式

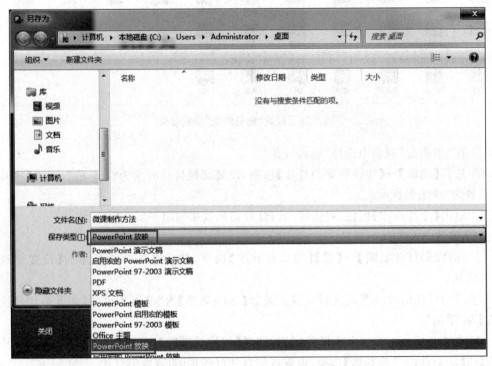

图 6-58　PowerPoint 幻灯片的放映

（7）演示文稿的打印

单击【文件】→【打印】→【打印机属性】按钮，选择合适的打印机；单击【设置】相关选项，设置好要打印的幻灯片，如图 6-59 所示。

图 6-59　PowerPoint 幻灯片打印

6.3　PowerPoint 2016 的应用

学习要求

(1) 掌握 PowerPoint 2016 制作毕业设计答辩演示文稿;

(2) 掌握 PowerPoint 2016 制作双创大赛答辩演示文稿。

6.3.1　制作毕业设计答辩演示文稿

1. 毕业设计答辩演示文稿的组成

(1) 毕业设计答辩 PPT 结构

毕业设计答辩 PPT 一般包括以下内容。

① PPT 封面:封面页一般有毕业设计题目、答辩人、指导教师以及答辩日期等。

② 论文内容:目的、方案设计(流程图)、设计过程、图纸、研究结论、创新性、应用价值、有关设计(论文)延续的新看法等。

(2) 毕业设计答辩 PPT 内容

PPT 要图文并茂,突出重点,让答辩老师明白哪些是自己独立完成的,页数不要太多,

10～20 页较为恰当,不要出现太多文字;凡是贴在 PPT 上的图和公式,要能够自圆其说,没有把握的不要往上面放;每页下面加页码,这样比较方便评委老师提问的时候回答。

2. 毕业设计答辩演示文稿模板

(1) 不要用太华丽的企业商务模板,学术 PPT 模板最好低调、简洁。

(2) 推荐底色白底(黑字、红字和蓝字)、蓝底(白字或黄字)、黑底(白字和黄字),这 3 种配色方式可以保证幻灯片的播放质量。

(3) 动手能力强的同学可以自己制作符合课题主题的模板,只要把喜欢的图片在【幻灯片母版】模式下插入即可。

3. 毕业设计答辩演示文稿文字

(1) 文字不要太多,图的效果好于表的效果,表的效果好于文字叙述效果,能引用图表的地方尽量引用图表,确实需要文字的地方,要将文字内容高度概括,简洁明了,不要长篇大论。

(2) 字体大小最好选 PPT 默认的,标题字号用 44 磅或 40 磅,正文字号用 32 磅,一般不要小于 20 磅。标题字体推荐黑体,正文字体推荐宋体,如果一定要用特殊字体,记得答辩的时候一起复制到答辩计算机上,否则可能无法显示。

(3) 正文内的文字排列,一般一行字数 20～25 个,一般 6～7 行,不要超过 10 行。行与行之间、段与段之间要有一定间距,标题之间的距离(段间距)要大于行间距。

4. 毕业设计答辩演示文稿图片

(1) 图片在 PPT 里的位置和格式应统一,整个 PPT 的版式安排不要超过 3 种。图片四周可以加上阴影或外框效果。

(2) 照片选用 JPG 格式;示意图推荐 BMP 格式,可直接使用 Windows 画笔功能按照需要的大小绘制,不要缩放;相关的箭头元素可以直接从 Word 里复制。

(3) 流程图建议用 Viso 软件绘制。

(4) PPT 图片的动画方式最好在两种以下,以低调、朴素为主。

(5) 建议学习 Photoshop 基本操作,一些照片类的图片应在 Photoshop 里先进行曲线和对比度的基本调整。Windows 画笔结合 Photoshop 软件基本可以满足日常需求。

5. 毕业设计答辩演示文稿版面要求

(1) 幻灯片的数目

大专答辩:10 分钟,10～15 张;学士答辩:10 分钟,10～20 张;硕士答辩:20 分钟,20～35 张;博士答辩:30 分钟,30～50 张。

(2) 字号、字数、行数

标题字号 44 磅(40);正文字号 32 磅(不小于 24 磅);每行字数在 20～25 个;每张 PPT 6～7 行(忌满字);中文字体宋体(可以加粗),英文字体 Time New Roman;副标题要加粗。

(3) 设置字体颜色

PPT 中的字体颜色不要超过 3 种(字体颜色要与背景颜色有反差)建议配色为:白底,黑、红、蓝字;蓝底,白、黄字。

(4) 添加图片

TIF 格式图片的质量较高,GIF 格式图片的文件最小;图片外周加阴影或外框效果比较好；PPT 总体效果图片比表格好，表格比文字好；动的比静的好，无声比有声好。

6. 毕业设计答辩演示文稿实例

以下以广州市广播电视大学本科毕业设计答辩为例。

（1）选取普通模板，演示文稿封面如图 6-60 所示，目录如图 6-61 所示。

图 6-60　选取普通模板封面　　　　　　　　　　图 6-61　目录

（2）选取普通模板，演示文稿内容如图 6-62 所示。

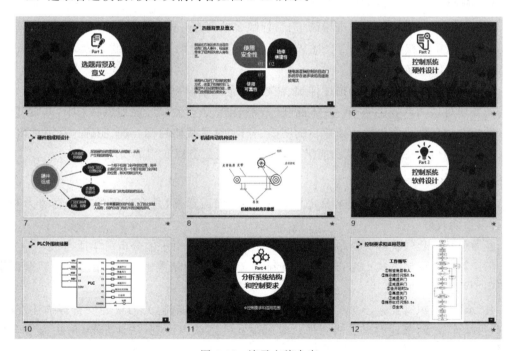

图 6-62　演示文稿内容

（3）选取普通模板，演示文稿总结如图 6-63 所示，尾页如图 6-64 所示。

图 6-63　演示文稿总结

图 6-64   尾页

6.3.2   制作双创大赛演示文稿

创业评审主要考察商业性、操作性、规范性等内容，从项目机会、市场营销、财务管理、团队建设 4 个维度开展遴选。创业计划路演阶段（决赛）主要考察营利性、操作性、表达技巧等内容，与初赛模块基本一致，从项目机会、市场营销、财务管理、团队建设、路演展示 5 个维度进行综合遴选。

1. 创业机会

项目的定位与发展趋势。市场需求、目标顾客的调查分析严密、科学；详细阐明市场容量与趋势；对市场竞争状况及各自优势认识清楚，分析透彻；对市场份额及市场走势预测合理；市场定位准确。

方案的完整性与可行性。描述详细、清晰，对企业前景判断合理、准确，特点突出，具有优秀的商业价值和产业化途径。技术路线、营销渠道、企业发展等规划思路清晰，方案可行。

项目的创新性与领先性。商业目的明确、合理，全盘战略目标合理、明确。从需求出发，以人为本，满足用户的需求；从功能出发，赋予产品或服务以实用的功能。

2. 市场营销

市场竞争与预期效益。成本及定价合理，营销渠道通畅，具有良好的市场竞争力和潜力，可以预期较好效益。

竞争分析与比较优势。对本公司的竞争优势和对竞争对手的分析科学适当。

营销渠道与促销方式。结合项目特点制定出合理的营销渠道，与之相适应的新颖而富有吸引力的促销方式。

持续经营与风险监控。对材料供应、工艺设备的运行安排，人力资源安排等描述准确、合理、可操作性强，落地实现可能性强。对风险和问题认识深刻，估计充分，解决方案合理有效。

3. 财务管理

股本结构与财务绩效。列出关键财务因素、财务指标和主要财务报表；财务计划及相关指标合理准确，财务报表清晰明了且能有效分析财务绩效。

经营状况与发展预测。列出资金结构及数量、投资回报率、利益分配方式、可能的退出方式等；需求合理，估计全面；融资方案具有吸引力和竞争力。

4. 团队建设

成员分工的合理性：团队成员具有相关的教育及工作背景，分工合理；组织结构严谨。

团队运行的有效性:核心团队稳定,团队成员能力互补,有能力提升的路径和策略,能有效推进项目的持续运行。

5. 路演展示

展示内容的准确性:参照市场路演惯例,充分展示本项目的内容,准确展示本项目的核心要素。

展示形式的吸引力:参照市场路演惯例,对投资者有吸引力,对大赛展示有表现力。

6. 双创大赛演示文稿实例

以某创新创业大赛路演 PPT(模拟名字:多功能遥控机器人,广东民安智能机器人有限公司,市面上如有雷同,纯属巧合)为例:路演 PPT 主要内容包括产品简介、市场营销、规划展望、团队成员等。

(1)选取鲜艳模板,演示文稿封面如图 6-65 所示,目录如图 6-66 所示。

图 6-65 演示文稿封面   图 6-66 目录

(2)选取鲜艳模板,产品简介与内容如图 6-67 所示。

图 6-67 产品简介与内容

（3）由于需要播放视频，选取视频模板，界面如图 6-68 所示。

图 6-68　视频模板

（4）公司介绍选取图片与标题模板，团队人员介绍选取 SmartArt 图形创建结构层次模板，界面如图 6-69 所示。

图 6-69　结构层次界面

（5）选取普通模板，尾页如图 6-70 所示。

图 6-70　尾页

第7章

毕业论文排版

本章要点：Microsoft Office 2016 是最常用的办公软件，其功能强大，操作方便，适用于各种各样的文档编辑排版，毕业论文是大专以上学生毕业时必须撰写的文档。

本章知识介绍：综合运用 Word、PowerPoint、Excel 2016 基本知识，完成毕业设计表格制作、自动目录生成、图文排版、页码页面设置、打印设置等。

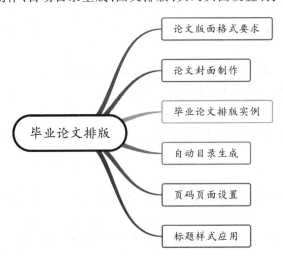

学习目的

1. 掌握 Word 2016 长文本编辑的操作要领及技巧；

2. 巩固 Word 2016 表格制作、图文排版、页码页面设置、打印设置的操作；

3. 掌握长文本编辑自动生成目录、排版方法及技巧。

本章重点

1. Word 2016 长文本编辑技巧；

2. Word 2016 长文本排版综合方法及技巧。

7.1 毕业论文排版基本要求

学习要求

（1）掌握毕业论文版面格式、内容格式要求；

（2）掌握毕业论文参考文献、附录格式要求。

7.1.1 论文版面格式要求

下文以广州某大学本科毕业论文（设计）格式规范为例，说明如下。

1. 论文内容

论文内容一般包括封面,中文摘要、关键词,英文摘要、关键词,目录,正文,参考文献,致谢,附录。

2. 论文页面设置

(1) 毕业论文(设计)设置 A4 纸纵向,封面、原创声明单面打印,其余内容双面打印。

(2) 页边距:上边距 28 毫米,下边距 22 毫米,左边距 30 毫米,右边距 20 毫米。

(3) 装订线:页眉 1.8 厘米,页脚 1.4 厘米。

3. 页眉和页码

(1) 页眉:×××大学本科毕业论文(设计),居中。

(2) 页码:从摘要部分开始,至附录,用阿拉伯数字连续编排,页码位于页脚居中;封面、原创声明和目录不编入论文页码。

4. 封面

请采用封面模板,下载后添加自己的信息。

5. 论文摘要和关键词

(1) 中文的论文题目

二号黑体,加粗,居中,段前、段后各 1 行。

(2) 中文摘要和关键词

① 摘要:"摘要"二字三号黑体,加粗。段前、段后各 1 行。独立一行,居中。

② 摘要正文:小四号宋体,1.5 倍行距。摘要正文后下空一行。

③ 关键词:"关键词"三字四号黑体,加粗。段前空 2 个字符。

④ 关键词正文:一般为 3~5 个词,小四号宋体,1.5 倍行距。每一关键词之间用分号隔开,最后一个关键词后无标点符号。

(3) 英文论文题目

另起一页,二号 Times New Roman 体,加粗,居中,段前、段后各 1 行。

(4) 英文摘要和关键词

英文和汉语拼音一律为 Times New Roman 体,格式、字号与中文摘要相同。

6. 目录

(1) 目录:"目录"二字三号黑体,加粗。段前、段后各 1 行。独立一行,居中。

(2) 目录正文。

① 自动生成目录,使用【插入】→【引用】→【索引和目录】菜单中的【目录】项,选择各级标题设置(标题 1、标题 2、标题 3);

② 目录中各章题序的阿拉伯数字用 Times New Roman 体,第一级标题的字体用小四号黑体,其余的字体用小四号宋体。

7.1.2 论文内容格式要求

1. 正文格式

毕业论文正文格式如表 7-1 所示。

表 7-1 正文格式

专业类型	第一层	第二层	第三层	第四层	第五层	正文
字体格式	三号黑体、加粗	小三号黑体、加粗	四号黑体、加粗	小四号黑体、加粗	小四号宋体	小四号宋体
行距	段前、段后各1行	段前、段后各0.5行	段前、段后各0.5行	1.5倍行距	1.5倍行距	1.5倍行距
对齐格式	居中(理工社科顶格)	顶格	顶格	首行缩进2字符	首行缩进2字符	首行缩进2字符
理工、社科类	1章	1.1节	1.1.1条	1.款	(1)	—
外语类	1章	1.1节	1.1.1条	1.款	(1)	—
文经管法类	一、	(一)	1	(1)	1)	—

(1) 章节及各章标题

毕业论文(设计)正文分章节撰写,每章应另起一页(使用"插入/分隔符/分页符")。各章标题要突出重点、简明扼要;不得使用标点符号;标题中尽量不采用英文缩写词,对必须采用的,应使用本行业的通用缩写词。

(2) 层次

层次以少为宜,根据实际需要选择;正文层次的编排和代号要求统一;用到哪一层次视需要而定。不同类型论文的层级关系如表 7-2 所示。

表 7-2 层次

标题层级	理工、社科类	外语类	经管文法类
1级标题	1章	1章	一、
2级标题	1.1节	1.1节	(一)
3级标题	1.1.1条	1.1.1条	1.
4级标题	1.款	1.款	(1)

2. 公式、表格、插图的使用

(1) 公式

公式一律使用 Office 数学公式编辑器编写;公式应另起一行写在稿纸中央,公式和编号之间不加虚线;公式较长时最好在等号"="处转行,如难实现,则可在遇+、-、×、÷运算符号前转行,公式的序号用圆括号括起来放在公式右边行末。公式序号按章编排,如公式序号为"(1.1)",附录 A 中的第一个公式为"(A1)"等。

(2) 表格

每个表格有表题(表序和表名),应在文中进行说明,如第 1 章第 1 个插表的序号为"表 1.1"等。表序与表名之间空一格,表名中不允许使用标点符号,表名后不加标点。表名置于表上居中(文字为五号、黑体、加粗,数字和字母为五号、Times New Roman 体、加粗),段前 1 行。表内文字说明为五号、宋体,起行空一格,转行顶格,句末不加标点。表中数据空缺格加"—",不允许用"同上"之类的写法。

表头设计尽量不用斜线，且与表格不得拆开排在两页。表格不加左、右边线。表中若有附注时，用小五号宋体，写在表的下方，句末加标点。仅有一条附注时写成："注：…"；有多条附注时，附注各项的序号一律用阿拉伯数字，写成："注：1.…"，如表 7-3 所示。

表 7-3　公式、表格、插图的使用

项目	序号设置	名称	题目格式	对齐格式	换行换页	注　意
公式	（第 1 章第 1 个）（1.1）	序号		公式右边行末	公式较长时最好在等号处转行	附录 A 中的第一个公式为"（A1）"
表格	表1.1	表序（空一格）表名	五号、黑体、加粗、段前1行	表上居中，句末不能加标点	表头与表格不得拆开排在两页	正文格式：五号、宋体，起行空一格，转行顶格，句末不加标点；表格不加左、右边线；表中数据空缺格加"—"
表中附注	序号只与表中附注有关	注：1.…；2.…	小五号、宋体	写在表的下方，句末加标点	仅有一条附注时写成："注：…"	
插图	图1.1	图号（空一格）图名	五号、宋体	图题置于图下，句末不能加标点	不得拆开排在两页	分图号用（a）（b）等置于分图之下
图注			小五号、宋体	置于图题之上		引用图应在图题右上角加引用文献号
坐标						有数字标注的坐标图，必须注明坐标单位

（3）插图

每幅插图均有图题（由图号和图名组成）。图号按章编排，如第 1 章第 1 图的图号为"图 1.1"等。图题置于图下，用五号、宋体。有图注或其他说明时应置于图题之上，用小五号、宋体。图名在图号之后空一格排写。引用图应在图题右上角加引用文献号。图中若有分图时，分图号用（a）（b）等置于分图之下。

插图编排：插图与其图题为一个整体，不得拆开排写于两页。插图处的该页空白不够排写该图整体时，可将其后文字部分提前排写，将图移至次页最前面。

（4）坐标与坐标单位

对坐标轴必须进行说明，有数字标注的坐标图，必须注明坐标单位。

3. 参考文献和注释的引用

（1）参考文献

参考文献的引用标示方式应全文统一，用上标的形式置于所引内容最末句的右上角，用小四号字体。所引参考文献编号用阿拉伯数字置于方括号中，如："……成果[1]"。当提及的参考文献为文中直接说明时，其序号应用小四号字与正文排齐，如"由文献[8,10-14]可知"。不得将引用参考文献标示置于各级标题处。

（2）注释

毕业论文（设计）中有个别名词或情况需要解释时，可加注说明，注释可用页末注（将注文放在加注页稿纸的下端）或篇末注（将全部注文集中在文章末尾），而不用行中注（夹在正文中的注）。若在同一页中有两个以上的注时，按各注出现的先后顺序编列注号，注释只限于写在注释符号出现的同页，不得隔页。

7.1.3　论文参考文献和附录格式要求

以"参考文献"（四号、黑体）居中排作为标识；参考文献的序号左顶格，并用数字加方括号表示（其后不加空格），如[1][2]…每一参考文献条目的最后均以"."结束，如表7-4所示。

表7-4　参考文献、附录和致谢格式

专业类型	参考文献	参考文献正文	附录A	附录A正文	致谢	致谢正文
字体格式	三号、黑体、加粗	小四号、宋体	三号、黑体、加粗	小四号、宋体	三号、黑体、加粗	小四号、宋体
行距	段前、段后各1行	1.5倍行距	段前、段后各1行	1.5倍行距	段前、段后各1行	1.5倍行距
对齐格式	换页，居中	顶格	换页，居中		换页，居中	首行缩进2字符

各类参考文献条目的编排格式及示例如下。

1. 连续出版物

[序号]主要责任者.文献题名[J].刊名,出版年份,卷号(期号)：起止页码.例：

[1]毛峡,丁玉宽.图像的情感特征分析及其和谐感评价[J].电子学报,2001,29(12A)：1923-1927.

2. 专著

[序号]主要责任者.文献题名[M].出版地：出版者,出版年：起止页码.例：

[2]刘国钧,王连成.图书馆史研究[M].北京：高等教育出版社,1979：15-18,31.

3. 会议论文集

[序号]主要责任者.文献题名[A]//主编.论文集名[C].出版地：出版者,出版年：起止页码.例：

[3]毛峡.绘画的音乐表现[A].中国人工智能学会2001年全国学术年会论文集[C].北京：北京邮电大学出版社,2001：739-740.

4. 学位论文

[序号]主要责任者.文献题名[D].保存地：保存单位,年份.例：

[4]张和生.地质力学系统理论[D].太原：太原理工大学,1998.

5. 报告

[序号]主要责任者.文献题名[R].报告地：报告会主办单位,年份.例：

[5]冯西桥.核反应堆压力容器的LBB分析[R].北京：清华大学核能技术设计研究

院,1997.

6. 专利文献

[序号]专利所有者.专利题名[P].专利国别：专利号,发布日期.例：

[6]姜锡洲.一种温热外敷药制备方案[P].中国专利：881056078,1983-08-12.

7. 国际、国家标准

[序号]标准代号,标准名称[S].出版地：出版者,出版年.例：

[7]GB/T 16159—1996,汉语拼音正词法基本规则[S].北京：中国标准出版社,1996.

8. 报纸文章

[序号]主要责任者.文献题名[N].报纸名,出版日期(版次).

9. 电子文献

[序号]主要责任者.电子文献题名[文献类型/载体类型].电子文献的出版或可获得地址,发表或更新的期/引用日期(任选).例：

[8]王明亮.中国学术期刊标准化数据库系统工程的[EB/OL].http：//www.cajcd.cn/pub/wml.txt/9808 10-2.html,1998-08-16/1998-10-04.

外国作者的姓名书写格式一般为：名的缩写、姓。例如 A.Johnson,R.O.Duda。

引用参考文献类型及其标识：以单字母方式标识以下参数文献类型,如表 7-5 所示。

表 7-5　参数文献的标识

参考文献类型	专著	论文集	报纸文章	期刊文章	学位论文	报告	标准	专利	其他文献
文献类型标识	M	C	N	J	D	R	S	P	Z

对于数据库、计算机程序及光盘图书等电子文献类型的参考文献,如表 7-6 所示。

表 7-6　电子文献的标识

参考文献类型	数据库(网上)	计算机程序(磁盘)	光盘图书
文献类型标识	DB(DB/OL)	CP(CP/DK)	M/CD

10. 附录

论文的附录依序用大写正体 A,B,C…编序号,如：附录 A。附录中的图、表、式等另行编序号,与正文分开,一律用阿拉伯数字编码,但在数码前冠以附录序码,如：图 A1;表 B2;式(B3)等。

7.2　毕业论文排版实例

学习要求

(1)掌握毕业论文版面格式、内容格式要求;

(2)掌握毕业论文参考文献、附录格式要求。

下文以广州某大学 15 机械本科班邱同学机械本科毕业论文(设计)论文为例(注：为了保护原创,以下排版对文字进行了删减和关键词替换,特此说明)。

7.2.1　论文整体效果图

论文整体效果如图 7-1 所示。

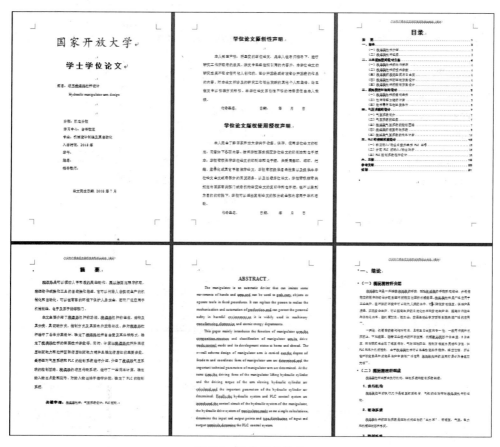

图 7-1　论文整体效果

7.2.2　论文排版过程

1. 素材准备

（1）打开"E：\计算机应用基础文档\毕业论文\"文件夹中的"液压搬运器拉杆设计（原文）.docx"文档。

（2）单击【文件】→【另存为】按钮，打开【另存为】对话框，将文件以"液压搬运器拉杆设计.docx"为名保存到同一文件夹中。

2. 页面设置

（1）设置页边距：上边距为 2.8 厘米，下边距为 2.2 厘米，左边距为 3 厘米，右边距为 2 厘米。

① 单击【布局】→【页面设置】按钮，打开【页面设置】对话框。

② 在【纸张】选项卡中，将纸张大小设置为 A4。

（2）选择【页边距】选项卡，设置纸张方向为"纵向"；在页码范围的【多页】下拉列表中选择"对称页边距";再设置上边距为 2.8 厘米,下边距为 2.2 厘米,左边距(内侧)为 3 厘米,右边距为(外侧)2 厘米,设置装订线为 0 厘米;如图 7-2(a)所示。

（3）选择【版式】选项卡,设置页眉为 1.8 厘米,页脚为 1.4 厘米,如图 7-2(b)所示。

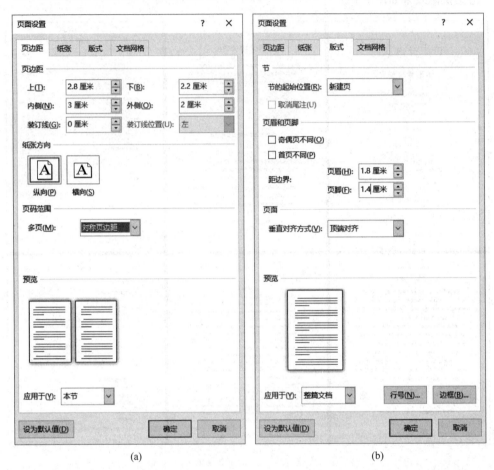

(a)　　　　　　　　　　　　(b)

图 7-2　页面设置

注意:在默认情况下,一般页码范围中的【多页】下拉列表中显示为"普通",则在页边距中显示为上、下、左、右;由于这里设置了"对称页边距",则页边距中显示为上、下、内侧、外侧。

3. 封面设置

（1）选中"国家开放大学"设置:楷体、初号、居中。

（2）选中"学士学位论文"设置:宋体、一号、居中。

（3）封面内容(题目、分部、专业、完成时间等)设置:宋体、四号并利用段落工具中的【增加缩进量】居中其内容。

（4）参照效果图插入空行,调整内容间的距离,如图 7-3 所示。

4. 学位论文原创性声明格式设置

（1）把光标移置"学位论文原创性声明",单击【布局】→【分隔符】→【下一页】进行分页,如图 7-4 所示。

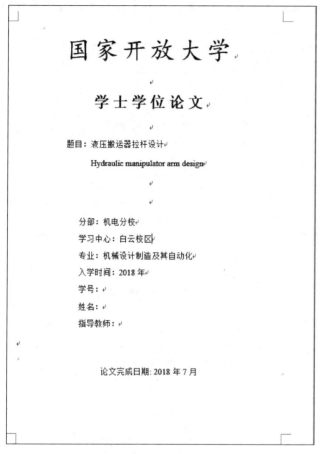

图 7-3　封面设置

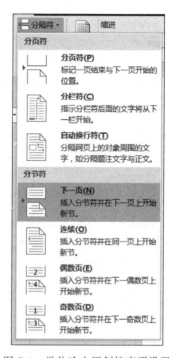

图 7-4　学位论文原创性声明设置

（2）把"学位论文原创性声明""学位论文版权使用授权声明"标题设置为黑体、小二号、加粗、居中。

（3）选中"声明"内容，设置为宋体、四号、2 倍行距、首行缩进 2 字符。

5. 设置标题及正文样式

（1）设置标题 1 格式，单击【开始】→【样式】→【选项】→【选择要显示的样式】，设置为所有样式，如图 7-5所示，右键标题 1→【修改】，设置格式为黑体、小二号、加粗，单击【格式】→【段落】，设置对齐方式为左对齐，段前、段后各 1 行。

（2）设置标题 2 格式，单击【开始】→【样式】，然后右击标题 2，选择【修改】，设置格式为黑体、小三号、加粗，单击【格式】→【段落】，设置对齐方式为左对齐，段前、段后各 0.5 行。

（3）设置标题 3 格式，单击【开始】→【样式】→右键

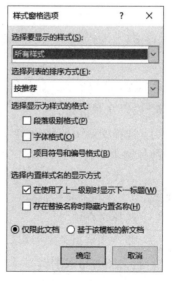

图 7-5　配置标题及正文样式

标题3→【修改】,设置格式为黑体、四号、加粗,单击【格式】→【段落】,设置对齐方式为左对齐,段前、段后各 0.5 行。

(4) 设置正文格式,单击【开始】→【样式】,然后右击正文,选择【修改】,设置格式为宋体、小四号,单击【格式】→【段落】,设置对齐方式为左对齐,首行缩进 2 字符,如图 7-6 所示。

图 7-6   正文格式

6. 设置文章格式

(1) 选择文章中的"摘要""一、绪论""二、工业搬运器的设计方案"等一级标题后单击样式中的标题 1 套用已经设置好的格式。

(2) 选择文章中"(一)(二)(三)"等二级标题后,单击样式中的标题 2 套用已经设置好的格式。

(3) 选择文章中"1.2.3."三级标题后,单击样式中的标题 3 套用已经设置好的格式。

(4) 选择文章正文中的内容,单击样式中的正文,套用已经设置好的格式。

7. 正文图表格式编辑

(1) 图片编辑:单击【插入】按钮,在弹出的选项中选择【图片】选项,找到对应位置的图片,单击确认,如图 7-7 所示。

图 7-7　图表格式编辑

（2）表格编辑：表格不加左右边线；单击【开始】，选择【编辑表格】对表格进行编辑，如图 7-8 所示。

表 3.1　常用的膨胀螺栓钻孔规格

螺栓规格	M6	M8	M10	M12	M16
钻孔直径/mm	10.5	12.5	14.5	19	23
钻孔深度/mm	40	50	60	70	100

图 7-8　编辑表格

分别单击【左框线】、【右框线】即可完成设置，如图 7-9 所示。

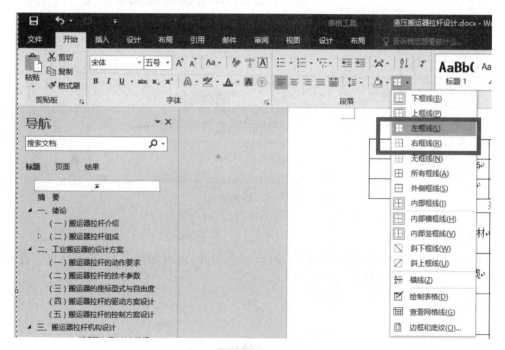

图 7-9　编辑后的表格

（3）公式编辑：单击【插入】→【公式】按钮，弹出如图 7-10 所示的图片。

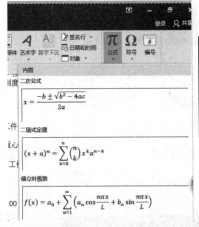

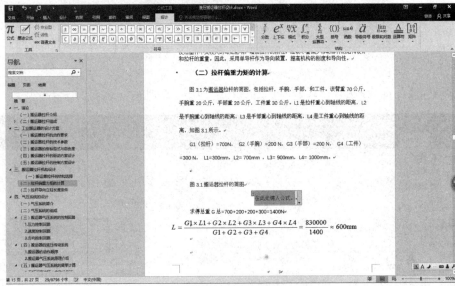

图 7-10　公式编辑

8. 图裁剪技巧

（1）如果对插入的图片大小不满意，可以单击图片，出现如图 7-11 所示边框。按住鼠标左键进行图片拉伸，直到满意为止。

图 7-11　单击图片进行拉伸

（2）如果图片周围存在较多空隙，则双击图片，系统将自动转到【格式】工具栏，如图 7-12 所示。

图 7-12 双击图片进入【格式】工具栏

① 单击【裁剪】按钮，图片将出现四个"∟"，如图 7-13 所示。

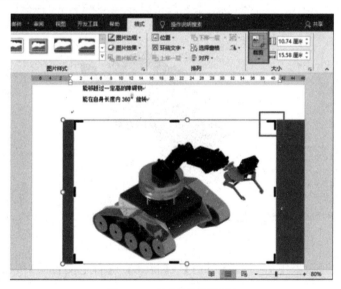

图 7-13 单击【裁剪】按钮

② 鼠标移到"∟"处按住左键，往图片里面移动，即可裁切图片，如图 7-14 所示。

③ 裁切完成后的效果如图 7-15 所示。

9. 自动生成目录

（1）将光标移至正文前预留的目录页中。

（2）在文档中输入"目录"，按【Enter】键换行。

自动生成目录

图 7-14　裁剪图片

图 7-15　裁剪完成

（3）将光标置于目录下方，单击【引用】→【目录】→【自定义目录】按钮，打开如图 7-16 所示的【目录】菜单。

（4）选择【插入目录】选项，打开【目录】对话框。选择【自动目录】，将显示级别设置为 "2"，如图 7-16 所示。

（5）单击【确定】按钮，目录将自动插入文档中。

（6）将标题【目录】格式设置为黑体、二号，居中对齐。

（7）选中生成目录的一级标题，将字体设置为黑体、小四号、加粗，目录设置为 1.5 倍行距，如图 7-17 所示。

图 7-16　自动目录

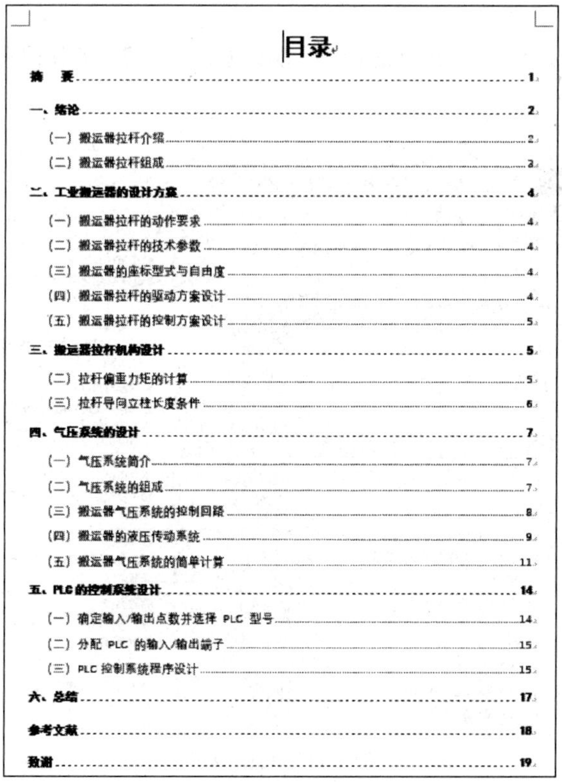

图 7-17　生成目录

10. 页眉和页码设置

（1）页眉。单击【插入】→【页眉和页脚】→【页眉】按钮，选择"边线型"，输入"某大学本科毕业论文（设计）"，居中，如图 7-18 所示。

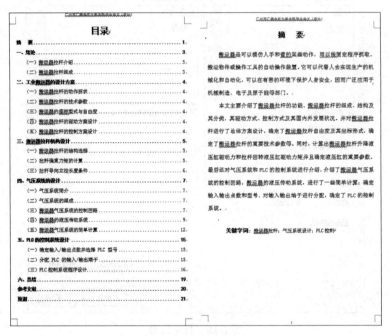

图 7-18　边线型页眉设置

（2）页码。把光标放在摘要的前面，单击【页面布局】→【分隔符】→【连续】按钮，如图 7-19 所示。

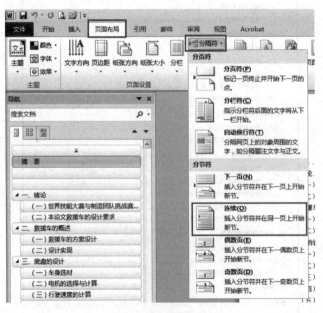

图 7-19　页码设置

（3）单击【插入】→【页码】→【页面底端】按钮，弹出如图 7-20 所示的界面，选择【普通数字 2】。

图 7-20　页面布局

（4）进入页眉页脚编辑，把光标放在摘要那一页的页码上，单击【设计】→【链接到前一条页眉】，使它取消高亮，如图 7-21 所示。

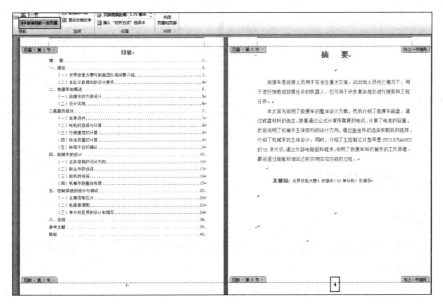

图 7-21　页码设置

（5）单击【设计】→【页码】→【设置页码格式】按钮，弹出如图 7-22 所示对话框。单击【起始页码】单选按钮，输入"1"。

图 7-22　页码格式的编辑

（6）最后选中目录的页码，用退格键删除，如图 7-23 所示。

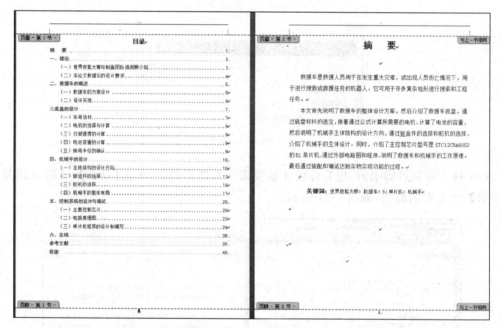

图 7-23　页眉页脚编辑

7.2.3　预览和打印

1. 显示大小

减小窗口右下角的显示比例，可以对整个文档进行预览，对不符合要求的地方进行修改，如图 7-24 所示。

图 7-24　显示比例

2. 打印设置

单击【文件】→【打印】→【设置】按钮，在此界面中进行打印设置并预览打印效果，如图 7-25 所示。如对排版满意，输入打印份数，即可单击【打印】按钮进行打印。

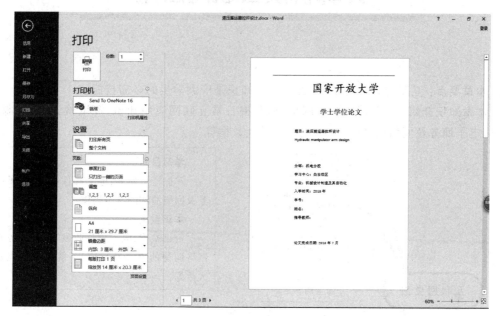

图 7-25　打印设置及预览效果

第**8**章

计算机及互联网应用

本章要点：互联网日益普及，掌握互联网知识是广大学生的必需技能。

本章知识介绍：综合运用互联网信息，掌握日常互联网应用知识，资讯检索、电子邮件收发、电子商务及网络购物，了解人工智能及大数据等。

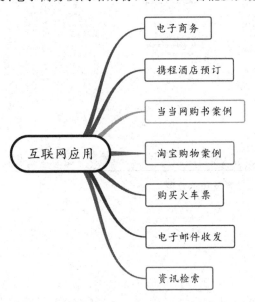

学习目的
  掌握资讯检索、电子邮件收发、电子商务及网络购物的基本操作。

本章重点
  资讯检索、电子邮件收发、电子商务及网络购物的方法及技巧，了解人工智能及大数据。

8.1　资讯检索

学习要求

（1）掌握搜索引擎的工作原理；

（2）掌握资讯检索的基本操作方法。

8.1.1　搜索引擎

1. 搜索引擎的工作原理

想要熟练使用搜索引擎，必须要先了解搜索引擎的工作原理，如图 8-1 所示。首先对

Internet 上的网页进行搜集,然后对搜集来的网页进行预处理,建立网页索引库,实时响应用户的查询请求,并对查找到的结果按某种规则进行排序后返回用户。搜索引擎的重要功能是能够对 Internet 上的文本信息提供全文检索。

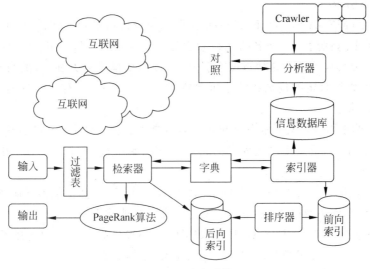

图 8-1　搜索引擎

(1) 文本处理模块处理用户的查询,包括删除停用词和提取词干。停用词是指诸如"的""地"之类的词,停用词在文档中出现频率非常高却没有实际意义。若对这类词进行搜索处理,不仅代价极高,而且意义不大,所以一般在这个阶段可将其删除。

(2) 提问处理:对提问进行变换以改进检索结果。

(3) 建立索引:由于信息检索所要处理的是海量大规模文档集,不可能逐字连词进行匹配,因此必须对其建立索引模块。当用户提交查询后,可以如同查词典一样快速定位资源。目前,建立索引的技术主要是倒排文件。

(4) 搜索:根据处理好的用户提问与倒排文件,检索出与问题相关的文档集合。

(5) 排序:将检索出来的文档按照相关性排序。

2. 搜索引擎的分类

常见的搜索引擎有以下几类。

(1) 全文搜索引擎

全文搜索引擎是名副其实的搜索引擎,Google(谷歌)和百度分别是国外和国内的代表,这种搜索引擎从 Internet 提取各网站的信息,当然以网页文字为主,然后建立起有效数据库,并且能够检索与用户查询条件相匹配的记录,最后按照一定的排列顺序返回。根据搜索结果来源的不同,全文搜索引擎又可分为两类:一类拥有自己的检索程序(Indexer),俗称"蜘蛛"(Spider)程序或"机器人"(Robot)程序,能自建网页数据库,搜索结果直接从自身的数据库中调用,上面提到的 Google 和百度就属于此类;另一类则是租用其他搜索引擎的数据库,并按自定的格式排列搜索结果,如 Lycos 搜索引擎。

(2) 目录索引

目录索引虽然有搜索功能,但严格意义上不能称为真正的搜索引擎,它只是接目录分类的网站链接列表而已。在这种模式下,用户完全可以按照分类目录找到所需要的信息,不依靠关键词(Keywords)进行查询。在目录索引中,最具代表性的莫过于大名鼎鼎的 Yahoo,新浪分类目录搜索。

（3）元搜索引擎

元搜索引擎(META Search Engine)在接受用户查询请求后,可以同时在多个搜索引擎上搜索,并将结果返回用户。著名的元搜索引擎有 InfoSpace、Dogpile、Vivisimo 等。在中文搜索引擎中,最具代表性的是搜索搜索引擎,在搜索结果排列方面,有的直接按来源排列搜索结果;有的则按自定的规则将结果重新排列组合。另外,还有一些其他非主流搜索引擎形式也值得一提。

① 集合式搜索引擎:该搜索引擎和元搜索引擎很相似,区别在于它不是同时调用多个搜索引擎进行搜索,而是由用户从提供的若干搜索引擎中选择,如 HotBot 在 2002 年年底推出的搜索引擎。

② 门户搜索引擎:比如 AOL Search、MSN Search 等,虽然提供搜索服务,但自身既没有分类目录也没有网页数据库,其搜索结果完全来自其他搜索引擎。

③ 免费链接列表(Free For All Links,FFA):一般只简单地滚动链接条目,少部分也有简单的分类目录,不过规模要比 Yahoo 等目录索引小很多。

8.1.2　资讯检索基本操作方法

下面介绍搜索引擎的简单使用方法,其操作步骤如下。

（1）在 IE 浏览器地址栏中输入百度网址:http://www.baidu.com 并按【Enter】键,进入百度主页面,如图 8-2 所示。

图 8-2　百度界面

（2）在搜索栏输入搜索关键词,单击【百度一下】按钮或按【Enter】键,即可查看搜索结果。例如,在搜索栏输入关键词"个人简历模板",单击【百度一下】按钮,结果如图 8-3 所示。

图 8-3　百度搜索

8.1.3　搜索某些指定网站

如果忘记了想要查找的网站域名,或是在某个网站上找不到想要查找的资料,这时搜索引擎则是最好的选择。下面分别介绍搜索引擎这两种功能。

1. 搜索网站域名

如果忘记了"网易"网站的域名,只需打开搜索引擎,将网站的名字输入,然后单击【百度一下】按钮,结果如图 8-4 所示。

图 8-4　网易

2. 高级搜索

如果要在指定网站中查找指定的内容,需要使用高级搜索这一功能。在百度主页的右方有一个【搜索工具】选项,单击后如图 8-5 所示。

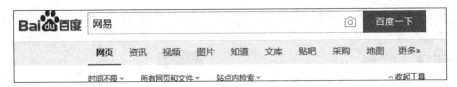

图 8-5　搜索工具

　　输入想要查找的关键词和限定的网站,例如,输入关键词"英语 4 级",然后指定在 sohu. com 中查找,结果如图 8-6 所示。

图 8-6　关键词和限定的网站

3. 应用案例:搜索技巧

　　搜索引擎其实是一张大的索引表,记录了符合用户需要的信息所在的每一个网页,并将这些网页按一定顺序排列,展现给用户。搜索引擎包含的信息量大、准确性高、功能强、搜寻资料的速度快,要想在众多相关信息中寻求相关性最大、自己最需要的信息,则必须掌握一些使用搜索引擎的技巧。下面简要介绍几个最基本的搜索技巧。

　　(1) 利用关键字的搜索技巧

　　目前的搜索引擎都支持多个关键字搜索。用户可以通过使用多个关键字来缩小搜索范围。例如,如果要搜索有关金融方面的论文,可在搜索栏中输入"计算机论文下载",然后单击【百度一下】按钮,搜索结果如图 8-7 所示。

　　(2) 利用符号的搜索技巧

　　① 关键词严格匹配的搜索。当某个关键词在引号中时,要求搜索结果与关键词严格匹配,不能拆分关键词,如搜索"计算机论文下载",如图 8-8 所示。

图 8-7 关键字搜索

图 8-8 关键词严格匹配的搜索

例如,用不带引号的关键词计算机论文下载进行搜索,可以找到约 6 780 000 个搜索结果,如图 8-9 所示。

图 8-9　关键词不严格匹配的搜索

而以带引号的关键词"计算机论文下载"进行搜索,则只有严格含"计算机论文下载"连续 7 个字的网页才能被搜索出来,搜索结果约 5500 个,如图 8-10 所示。

图 8-10　关键词严格匹配的搜索

② 搜索引擎中"＋"和"－"的使用。使用加号"＋"可以限定查找范围,加号表示限定搜索结果中必须包含的内容,如搜索"足球＋梅西"就表示在搜索结果中包含"足球",同时必须也包含有"梅西"这一内容(一般情况下,加号省略,用空格表示)。在搜索信息的过程中,搜索结果中会有大量无关信息,从这些大量信息中挑选有用信息的过程会耗费搜索者很多时间。利用筛选功能减号(－)可以排除无关信息,可搜索到更准确如"足球－梅西"(注意,前面的第一个词语与减号之间应该有空格)就表示搜索结果包含"足球"但不包含"梅西"。

8.2　电子邮件收发

学习要求

(1) 掌握电子邮件收发基本操作;

(2) 掌握电子邮件收发技巧。

8.2.1　电子邮件基本介绍

电子邮件是一种利用电子手段提供信息交换的通信方式,是互联网应用最广的服务。自诞生以来,它的发展可谓突飞猛进,日新月异,令人刮目相看。当前,电子邮件已经成为人们沟通交往最重要的通信工具之一,甚至已经成为一种生活方式。

电子邮件(E-mail)又称电子函件或电子信函,它是利用计算机所组成的互联网络,向交往对象所发出的一种电子信件,使用电子邮件进行对外联络,不仅安全保密,节省时间,不受篇幅的限制,清晰度极高,而且可以大大降低通信费用。

目前,很多大型网站都提供免费电子邮箱,用户按照网站指引注册后即可使用,给人们带来了方便。常见的电子邮箱有微软睿邮(微软)、MSN mail(微软)、Gmail(谷歌)、163 邮箱(网易)、QQ mail(腾讯)、新浪邮箱等。

8.2.2　163 邮箱邮件收发

下面以申请一个"网易免费电子邮箱"为例,介绍免费电子邮箱的申请方法。

(1) 打开 IE 浏览器,在地址栏中输入网址 http://email.163.com/并按【Enter】键,打开网易电子邮箱页面,如图 8-11 所示。

(2) 如果已申请了一个网易免费邮箱,在"网易免费邮箱"页面输入邮箱名称和密码,单击【登录】按钮,即可登录邮箱。如果还没有电子邮箱,单击【注册免费邮箱】按钮,打开如图 8-12 所示的窗口。

(3) 在"邮箱名称"中输入便于记忆的邮箱名,例如输入 zrc.net 作为邮箱名,并选择163.com 或 126.com 后缀。单击验证码文本框,待弹出验证码后,输入正确的验证码,然后单击【下一步】按钮。

注意: 邮箱名称需要满足"4～16 位,英文小写、数字、下画线等组合使用,不能全部是数字或下画线"的要求。如果输入的邮箱名称已被其他用户使用,系统将弹出提示信息"该邮箱名称已被占用",需重新输入其他邮箱名称。

图 8-11　网易邮箱

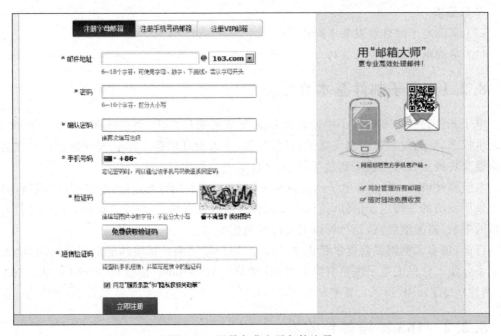

图 8-12　网易免费电子邮箱注册

（4）按照页面要求依次输入"密码""确认密码""手机号码""验证码"，并勾选"同意'服务条款'和'隐私权相关政策'"，单击【立即注册】按钮完成注册。

8.2.3　以 Web 方式登录电子邮箱

以 Web 方式登录电子邮箱的操作步骤如下。

（1）在网易电子邮箱页面的"网易免费邮箱"中输入账号、密码，单击【登录】按钮。

以 Web 方式登录电子邮箱

（2）单击【提交】按钮，进入网易免费电子邮箱，如图 8-13 所示。

Internet 中专门有一些计算机是为其他计算机提供服务的，它们被称作服务器。当一台计算机接入 Internet，就可以访问这些服务器。服务器提供服务的种类很多。下面介绍 Internet 基本服务和使用这些服务的方法。

图 8-13 以 Web 方式登录电子邮箱

1. 使用电子邮箱收信

申请电子邮箱后可以立即使用。登录到电子邮箱即可查看有无新邮件。通过填写对方的电子邮件地址,可以发送给对方电子邮件。下面介绍使用 Web 邮箱收发邮件的基本操作,使用户可以掌握收发电子邮件的基本技能。

在网易邮箱页面,新电子邮件提示会出现在页面左上方邮件夹中。邮箱左侧邮件夹粗体字"收件夹(1)"提示用户有未读的邮件,单击【收件夹(1)】选项,并在右侧单击该邮件的标题,即可阅读此邮件的内容,如图 8-14 所示。

图 8-14 使用电子邮箱收信

2. 发送带附件的电子邮件

发送电子邮件时,除了发送文字性邮件内容之外,常常需要把一些资料传送给对方,此时,可以把资料作为附件,通过发送带附件的电子邮件,把电子邮件发送给对方。

发送带附件的电子邮件的基本步骤如下。

(1)在网易邮箱页面,单击左上角的【写信】按钮,进入【写信】页面,如图 8-15 所示。

(2)在"收件人"栏输入电子邮件接收人的邮件地址,并输入邮件内容("主题"和"正文")。若需要添加附件,单击【添加附件】按钮,选择需要添加的资料。

(3)单击【发送】按钮,完成邮件的发送。也可以单击【存草稿】按钮,将邮件保存在草稿夹,以便下次发送。

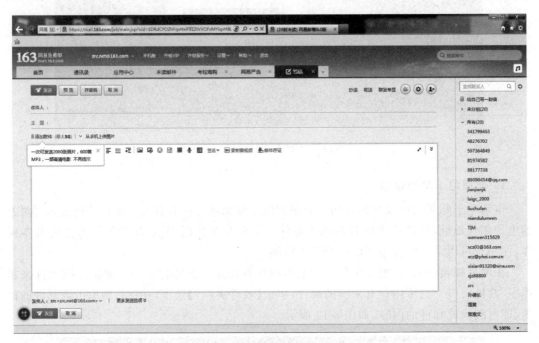

图 8-15　发送带附件的电子邮件

3. 发送群发(抄送)电子邮件

群发邮件是个人或组织通过对邮件地址的收集,使用邮箱的邮件群发功能,大量发送邮件的过程。发送过程是取得了邮件接收者的许可,将合法的邮件营销,否则会被视为垃圾邮件。群发邮件需要注意邮件主题和邮件内容的字词书写,许多邮件服务器使用了邮件垃圾字词过滤,当邮件主题或邮件内容中包含此类字词时,服务器将过滤掉此类邮件,导致邮件发送失败。

发送电子邮件时,若需要把一封电子邮件发送给多人,可以使用群发电子邮件的方式完成。群发电子邮件的操作步骤如下。

(1)在网易邮箱页面单击左上角的【写信】按钮,进入【写信】页面,在【收件人】栏中输入收件人的邮件地址。如果需要将邮件抄送给第二个人,单击【添加抄送】按钮,在【抄送】栏中输入邮件地址;如果需要发送给多人,可在【收件人】栏中继续添加其他邮件地址,如图 8-16 所示。

(2)编辑完成邮件内容后,单击【发送】按钮将邮件群发出去。

图 8-16　发送群发(抄送)电子邮件

4. 处理过滤垃圾邮件

一般来说,凡是未经用户许可就强行发送到用户邮箱中的任何电子邮件都被称为垃圾邮件。垃圾邮件一般具有批量发送的特征,其内容包括商业广告、成人广告、赚钱信息等。下面以网易邮箱的反垃圾邮件设置功能为例,简单介绍垃圾邮件的过滤处理程序。

垃圾邮件过滤处理的基本步骤如下。

(1) 在网易邮箱页面中,单击【邮箱设置】按钮,显示出邮箱设置页面后,单击【反垃圾】按钮,进入【反垃圾】设置,如图 8-17 所示。

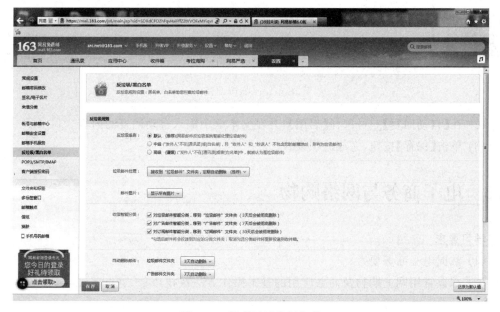

图 8-17　处理过滤垃圾邮件

（2）单击【设置邮件地址黑名单】按钮，在新打开的页面中即可添加垃圾邮件地址，执行此项操作后，系统将其来信放入垃圾邮件夹，30 天后自动删除。单击【设置邮件地址白名单】按钮，即可设置为可信任的邮件地址，此类邮件不会被系统"反垃圾"规则屏蔽。单击【保存】按钮，保存上述设置。

（3）单击【邮件过滤】→【设置邮件过滤规则】按钮，进入【邮件过滤规则】页面。

（4）在满足"规则启用""邮件到达时"条件后，单击【创建】按钮，保存此项设置。

5. 设置邮箱自动回复功能

选择使用邮箱自动回复功能。用户收到邮件后，系统将把"自动回复内容"作为邮件回复给发件人。设置邮箱自动回复功能的操作步骤如下。

（1）在网易邮箱页面中，单击【设置】按钮，显示邮箱设置，如图 8-18 所示。

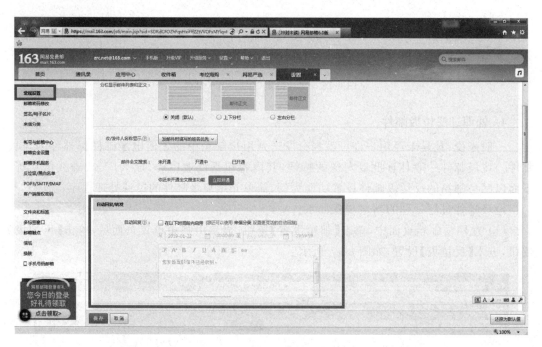

图 8-18   邮箱设置

（2）在【自动回复】一栏选择【启用】，并在文本框中输入自动回复的内容。

（3）单击【保存】按钮，完成此项设置。

8.3   电子商务与网络购物

学习要求

（1）掌握电子商务要素；

（2）掌握常用网上购物及商务应用的基本操作方法及技巧。

8.3.1 电子商务基本介绍

随着 Internet 的普及,全球商务活动日益受到新兴电子信息技术的影响。电子商务作为一种新的商业模式逐渐成为商业界热门话题,通俗地说,电子商务就是在计算机网络(主要是指 Internet)平台上,按照一定的标准开展的商务活动,当企业主要业务通过内联网(Intranet)、外联网(Extranet)以及 Internet 与企业职员、客户、供销商以及合作伙伴直接相连时,其中发生的各种活动就是电子商务。电子商务有广义和狭义之分。狭义的电子商务被称为电子交易,主要是指利用 Internet 提供的通信手段在网上进行的交易。广义的电子商务则包括所有以电子为载体的交易活动,利用 Internet 和通信及其他网络所进行的商业活动,如市场调查分析、财务核算、生产计划安排、客户联系、物资调配等。电子商务中的任何一笔交易都包含信息流、资金流和物流的内容,它们构成了电子商务的基本要素。参与电子商务活动的主体因为互动方式的不同而构成多种电子商务模式。

8.3.2 电子商务的要素

电子商务是信息流、资金流和物流的统一体。电子商务区别于传统商务的主要特点体现在信息流的流动过程中。信息流的构成要素包括信源(信息发送者)、信息沟通渠道和信宿(信息接收者)三部分。信息流实际上就是信息的收集、储存、加工、传递、反馈等运动的总和。物流在电子商务的发展中是非常重要的一个环节。如果信息流、资金流传递速度很快,而物流传递速度跟不上,那么电子商务的优势就很难体现出来。我国国家质量技术监督局对物流的定义为:物品从供应地向接收地的实体流动过程,根据实际需要将运输、储存、装卸、搬运、包装、流通加工、配送、信息处理等基本功能有机组合。从物流的定义可知,物流过程一方面包含了运输、存货,管理、仓储、包装、物料搬运及其他相关活动;另一方面包含了效率与效益两个因素,其最终目的是满足客户的需求与企业盈利。物流功能是物流系统所具有的基本能力,具体包括运输、储存、包装、装卸、流通加工、配送等功能。除了传统的物流功能外,现代物流还具有增值性服务功能。在电子商务的网上交易中,当客户与商家达成协议决定购买商品时,除了信息交换和物流外,资金的流动也是作为二者交易成功的重要环节。其中,如何将客户银行中的资金交付给商家,达到物理实体中"一手交钱,一手交货"的效果,支付结算系统是关键。通常情况下,支付结算环节是由包括支付网关、银行和发卡行在内的金融专用网络完成的。因此,银行可以说是任何电子商务资金流的核心机构。电子商务活动的顺利开展必须考虑网上资金交易的安全性。网络安全成了电子商务实施的一个重要因素。网络安全是指网络系统的硬件、软件及其系统中的数据受到保护,不受偶然的或者恶意的原因而遭到破坏、更改和泄露,系统连续、可靠、正常地运行,网络服务不中断。从本质上,网络安全就是网络上信息的安全,包括静态信息的存储安全和信息的传输安全。从广义上讲,凡是涉及网络上信息的保密性、完整性、可用性、真实性和可控性的相关技术与理论都是网络安全的研究领域。为了保证网络的安全,必须保证运行系统的安全、网络上系统信息的安全、网络上信息传播安全和网络上信息内容的安全。

8.3.3　常用购物软件的基本操作方法

1. 当当网购书案例

下文以当当网购书为例,介绍在网上书店购物的基本操作方法。

(1) 进入当当网首页(http://www.dangdang.com/),如图 8-19 所示。

图 8-19　当当网首页

(2) 单击【注册】按钮,进入当当网注册信息页面,如图 8-20 所示。

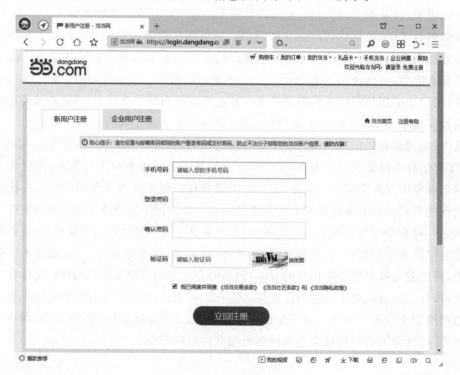

图 8-20　当当网注册

（3）完成注册后，即可进行商品搜索。例如，要购买有关电子商务方面的书籍，可在搜索栏输入"电子商务"，单击【搜索商品】按钮，搜索结果如图 8-21 所示。

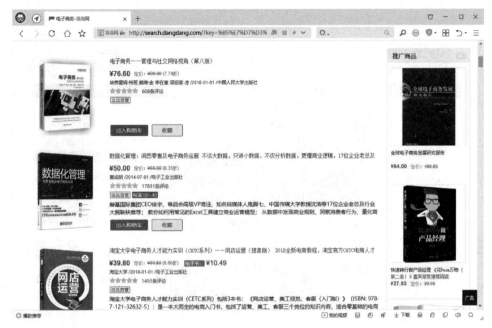

图 8-21 商品搜索结果

搜索到的商品可以按照图书、杂志、影视等进行分类，客户可以选择喜欢的商品进行浏览选择。

例如，若想了解《电子商务创业教程（配光盘）》这本书，单击该链接，进入该书详情页面。页面还列出了"购买本书的顾客还买过"等推荐项目，方便用户选择和购买。

2. 淘宝购物案例

下文以购买笔记本电脑为例讲述在淘宝网购物的方法。

（1）在 Internet 浏览器地址栏中输入网址 www.taobao.com 进入淘宝网主页，如图 8-22 所示。

（2）如果是新用户，单击【免费注册】按钮，进入用户注册页面，该页面提供了手机号码注册和邮箱注册两种方式，如图 8-23 所示。

（3）例如，现要通过邮箱注册。单击【邮箱注册】方式进入注册页面，然后按要求逐项填写电子邮箱、用户名、密码等内容。

（4）单击【提交注册】按钮，淘宝网提示用户登录邮箱激活账户。

（5）完成注册后即可在淘宝网购买需要的东西。

（6）进入淘宝网，在搜索栏输入"笔记本电脑"后单击【搜索】按钮，搜索结果如图 8-24 所示。

（7）选择需要购买的商品，如图 8-25 所示。

（8）单击【立刻购买】按钮。通过银行卡转账到支付宝并付款给卖方之后，支付宝向卖方发出发货通知，卖方就会开始发货。

图 8-22　淘宝网主页

图 8-23　淘宝网用户注册页面

图 8-24　搜索结果

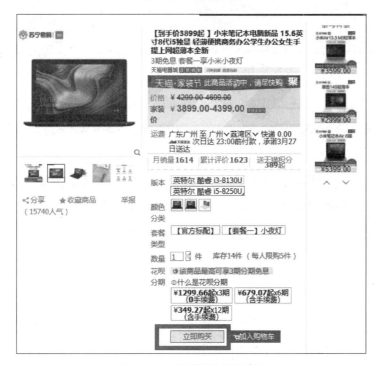

图 8-25　选择需要购买的商品

8.3.4　其他商务应用

1. 12306 网站购买车票

运用 12306 网站购买车票的操作步骤如下。

(1) 进入中国铁路 12306 网站首页(https://www.12306.cn/index/),如图 8-26 所示。

图 8-26　12306 网站首页

（2）单击【注册】按钮，进入 12306 注册信息页面，如图 8-27 所示。

图 8-27　12306 注册信息页面

（3）完成注册后回到首页，即可进行购票。例如，打算购买从广州到上海的车票，在"出发地"输入"广州"，"到达地"输入"上海"，"出发日期"可选择订票之日起一个月内的日期，如

图 8-28 所示。输入完所有信息后单击【查询】按钮，进入车票预订页面。

图 8-28　首页输入车票信息

在车票预订页面可查看所有车次及相关信息，选择合适的时间，单击【预订】按钮，如图 8-29 所示。

图 8-29　车票预订页面

查看车票信息是否正确,确认无误后在"乘客信息"一栏填写自己的姓名、身份证号、手机号码,单击【提交订单】按钮,如图 8-30 所示。

图 8-30　乘客信息填写页面

　　在余票充足的情况下可选择想要的座位,比如选择靠窗的座位,然后单击【确认】按钮,如图 8-31 所示。

图 8-31　选座页面

单击【网上支付】按钮,选择常用的支付平台即可,主要支持网银支付、支付宝支付和微信支付(支付时间为30分钟内),如图8-32所示。

图8-32 网上支付页面

支付完成后手机及邮箱会收到预约成功信息。若想查看自己预约记录,可到【个人中心】→【车票订单】中查看。如果是【未出行订单】还可改签,如图8-33所示。

图8-33 个人中心页面

2. 12306 App购买车票

(1)在应用市场下载"铁路12306"App,如图8-34所示。

(2)选择【我的】→【注册】选项,进入"铁路12306"App注册信息页面,如图8-35所示。

12306 App 购买车票

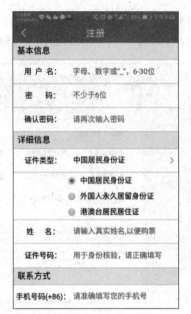

图 8-34 "铁路 12306"App　　　　图 8-35 "铁路 12306"App 注册信息页面

（3）完成注册后回到首页即可进行购票。例如，打算购买从广州到上海的车票，输入"广州—上海"，"出发日期"可选择订票之日起一个月内的日期。输入完所有信息后点击【查询车票】按钮，如图 8-36 所示。

在车票预订页面可查看所有车次及相关信息，选择合适的时间点击进去，选择乘车人，确认车票信息及乘车人信息是否正确，选择座位，然后点击【提交订单】按钮，如图 8-37 所示。

图 8-36 首页输入车票信息　　　　图 8-37 确认订单页面

再次确认车票信息和乘车人信息,然后点击【立即支付】按钮,选择常用的支付平台即可,主要支持网银支付、支付宝支付和微信支付,如图8-38所示。

　　支付完成后手机及邮箱就会收到预约成功信息。若想查看自己的预约记录,可到【订单】→【已支付】中查看。如果是【未出行订单】还可改签,如图8-39所示。

图8-38　网上支付页面

图8-39　已支付订单页面

3. "南方航空"微信公众号购买机票

"南方航空"微信公众号购买机票的操作步骤如下。

(1)微信搜索进入"南方航空"公众号,关注公众号,进入"快速预订"→"机票预订"快捷菜单,如图8-40所示。

(2)输入"出发城市""到达城市"和"出发日期",单击【查询】按钮,如图8-41所示。

图8-40　微信公众号页面

图8-41　机票信息输入页面

"南方航空"
微信公众号

（3）在机票预订页面可查看所有符合条件的航班信息，选择合适的时间和合适的价格，点击【预订】按钮，如图 8-42 所示。选择乘机人，填写乘机人个人信息，点击【完成新增】按钮，如图 8-43 所示。

图 8-42　机票预订页面

图 8-43　输入乘机人信息

再次确认机票信息，然后选择支付方式，选择常用的支付平台即可，主要支持微信支付和信用卡支付，如图 8-44 所示。

支付完成后手机及邮箱就会收到预约成功信息。若想查看自己的预约记录，可到【快速预订】→【我的订单】中查看，如图 8-45 所示。

图 8-44　选择支付方式页面

图 8-45　支付订单页面

4．携程酒店预订

（1）携程旅行网计算机预订酒店操作步骤

① 进入携程网首页（https：//www.ctrip.com/），如图 8-46 所示。

② 单击【免费注册】按钮，进入携程网注册信息页面，如图 8-47 所示。

③ 完成注册后，回到【首页】→【酒店】即可进行购票。例如，打算入住广州的酒店，在"目的地"输入"广州"，选择"入住日期""退房日期""房间数""住客数"和"酒店级别"，如图 8-48 所示。输入完所有信息后单击【搜索】按钮。

图 8-46 携程网首页

图 8-47 携程注册信息页面

图 8-48　在首页输入酒店需求信息

选择合适的酒店,单击【查看详情】按钮,选择合适的房间,然后单击【预订】按钮,如图 8-49 所示。

图 8-49　酒店预订页面

查看预订信息是否正确,确认无误后在"入住信息"一栏填写住客信息,单击【提交订单】按钮,如图 8-50 所示。

图 8-50 乘客信息填写页面

有些房型需要在线支付,有些则需要到店支付,预订成功后手机及邮箱就会收到预订成功的信息。若想查看自己的预订记录,可到【我的订单】→【酒店订单】中查看。如果不想入住也以可取消订单,如图 8-51 所示。

图 8-51 酒店订单页面

(2) 携程微信小程序预订酒店操作步骤

① 微信搜索进入"携程"小程序,选择【我的】→【登录/注册】,有 3 种登录方式,选择任意一种方式方式登录即可,如图 8-52 所示。

② 登录后,回到【首页】→【酒店】,即可进行购票。例如,打算入住广州的酒店,在"当前位置"输入"广州",选择"入住日期""离店日期",输入完所有信息后点击【查询】按钮,如图 8-53 所示。

图 8-52　"携程"小程序登录页面

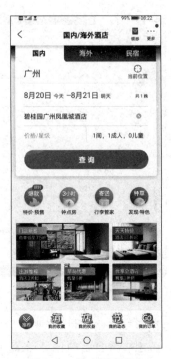

图 8-53　输入酒店信息

③ 单击合适的酒店,选择合适的房间,点击【订】按钮,如图 8-54 所示。核查预订信息是否正确,确认无误后填写"入住人"及"境内手机",点击【提交订单】按钮,如图 8-55 所示。

图 8-54　酒店预订页面

图 8-55　入住信息填写页面

④ 有些房型需要在线支付,有些则需要到店支付,预订成功后手机及邮箱就会收到预订成功信息。若想查看自己的预订记录,可到【我的】→【全部订单】中查看。如果不想入住也可取消订单,如图 8-56 所示。

图 8-56　已完成酒店订单页面

8.4　人工智能与大数据

学习要求

(1) 初步了解人工智能与大数据;

(2) 了解人工智能与大数据在各种应用领域的应用成果。

8.4.1　人工智能及应用介绍

1. 人工智能定义

人工智能(Artificial Intelligence),英文缩写为 AI。它是研究、开发用于模拟、延伸和扩展人的智能的理论、方法、技术及应用系统的一门新的技术科学。人工智能是计算机科学的一个分支,它企图了解智能的实质,并生产出一种新的能以人类智能相似的方式做出反应的智能机器,该领域的研究包括机器人、语言识别、图像识别、自然语言处理和专家系统等。近年来人工智能理论和技术日益成熟,应用领域不断扩大,可以设想,未来人工智能带来的科技产品,将会是人类智慧的"容器"。人工智能是对人的意识、思维信息过程的模拟。人工智能不是人的智能,但能像人那样思考。人工智能是一门极富挑战性的科学,从事这项工作的人必须懂得计算机知识、心理学和哲学。人工智能由不同的领域组成,如机器学习、计算机视觉等。总的来说,人工智能研究的一个主要目标是使机器能够胜任一些通常需要人类智能才能完成的复杂工作,但不同的时代、不同的人对这种"复杂工作"的理解是不同的。

2. 定义详解

人工智能的定义可以分为两部分,即"人工"和"智能"。"人工"比较好理解,就是人力所能制造的。"智能"的定义则涉及其他诸如意识(consciousness)、自我(self)、思维(mind)(包括无意识思维)等问题。人唯一了解的智能是人本身的智能,这是普遍认同的观点。但是我们对自身智能的理解则非常有限,对构成人的智能的必要元素也了解有限,所以就很难定义什么是"人工"制造的"智能"。因此,人工智能的研究往往涉及对人的智能本身的研究。其他关于动物或人造系统的智能也普遍被认为是人工智能相关的研究课题。

人工智能不一定是人形机器人,它就像会思考的计算机芯片,可以植入外在物体中,并自主地与人交互。就好比苹果的 Siri、微软的小冰、百度的小度等"陪聊"机器人,它并没有机器组成部件,背后作支撑的是人工智能的运用。

尼尔逊教授给人工智能下了这样一个定义:"人工智能是关于知识的学科——怎样表示知识以及怎样获得知识并使用知识的科学。"而美国麻省理工学院的温斯顿教授认为:"人工智能就是研究如何使计算机去做过去只有人才能做的智能工作。"这些说法反映了人工智能学科的基本思想和基本内容。即人工智能是研究人类智能活动的规律,构造具有一定智能的人工系统,研究如何让计算机完成以往需要人的智力才能胜任的工作,也就是研究如何应用计算机软硬件来模拟人类某些智能行为的基本理论、方法和技术。

人工智能是计算机学科的一个分支,20 世纪 70 年代以来被称为世界三大尖端技术之一(空间技术、能源技术、人工智能),也被认为是 21 世纪三大尖端技术(基因工程、纳米科学、人工智能)之一。这是因为近三十年来人工智能获得了迅速的发展,在很多学科领域都获得了广泛应用,并取得了丰硕的成果,它已逐步成为一个独立的分支,无论在理论和实践上都已自成系统。

人工智能是研究使计算机模拟人的某些思维过程和智能行为(如学习、推理、思考、规划等)的学科,主要包括计算机实现智能的原理、制造类似于人脑智能的计算机,使计算机能实现更高层次的应用。人工智能涉及了计算机科学、心理学、哲学和语言学等学科,几乎涵盖了自然科学和社会科学的所有学科。从思维观点看,人工智能不仅限于逻辑思维,还要结合形象思维、灵感思维才能促进人工智能的突破性的发展,数学常被认为是多种学科的基础科学。数学已经进入语言、思维领域,不仅在标准逻辑、模糊数学等范围发挥作用,而且人工智能学科也必须借用数学工具。数学进入人工智能学科将互相促进并得以更快地发展。

3. 人工智能应用实例

人工智能在计算机领域得到了越加广泛的重视,如五子棋博弈、指纹识别、机器翻译等,并在机器人、经济政治决策、控制系统、仿真系统中得到了应用,如目前比较热门的无人驾驶。

（1）利用人工智能对植物识别

互联网时代对植物识别的方法有很多，如百度 AI 中的植物识别、"识花君"微信小程序等，如图 8-57 和图 8-58 所示。

图 8-57 百度 AI 中的植物识别功能

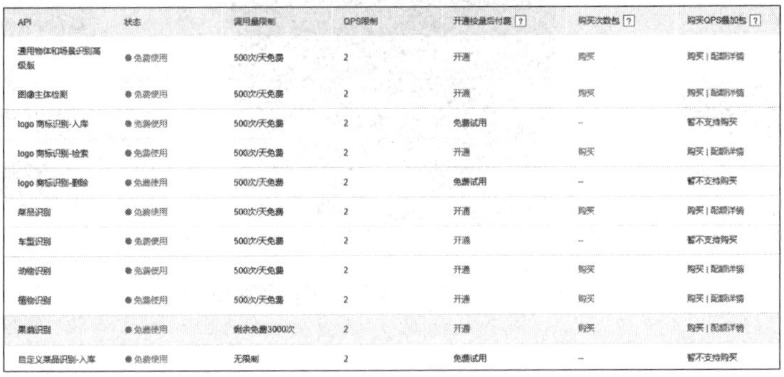

图 8-58 百度 AI 的其他部分功能

（2）利用微信小程序"识花君"对植物进行识别

① 添加"识花君"小程序：【微信】→【发现】→【小程序】，搜索"识花君"，如图 8-59 所示。

图 8-59 微信小程序"识花君"

② 打开"识花君"小程序,利用"拍照识花"功能完成识别植物,如图 8-60 所示。

图 8-60 用"识花君"小程序识别植物

8.4.2 大数据及应用介绍

1. 大数据(IT 行业术语)

大数据(big data),IT 行业术语,是指无法在一定时间范围内用常规软件工具进行捕捉、管理和处理的数据集合,是需要新处理模式才能具有更强的决策力、洞察发现力和流程优化能力的海量、高增长率和多样化的信息资产。

在维克托·迈尔-舍恩伯格及肯尼斯·库克耶编写的《大数据时代》中,大数据是指不用随机分析法(抽样调查)这样的捷径,而采用所有数据进行分析处理。大数据的 5V 特点(IBM 提出):Volume(大量)、Velocity(高速)、Variety(多样)、Value(低价值密度)、Veracity(真实性)。

2. 定义详解

对于"大数据",Gartner 研究机构给出了这样的定义:"大数据"是需要新处理模式才能具有更强的决策力、洞察发现力和流程优化能力来适应海量、高增长率和多样化的信息资产。

麦肯锡全球研究所给出的定义:一种规模大到在获取、存储、管理、分析方面大大超出了传统数据库软件工具能力范围的数据集合,具有海量的数据规模、快速的数据流转、多样的数据类型和价值密度低四大特征。

大数据技术的战略意义不在于掌握庞大的数据信息,而在于对这些含有意义的数据进行专业化处理。换言之,如果把大数据比作一种产业,那么这种产业实现盈利的关键,在于提高对数据的"加工能力",通过"加工"实现数据的"增长"。

从技术上看,大数据与云计算的关系就像一枚硬币的正反面一样密不可分。大数据必然无法用单台的计算机进行处理,必须采用分布式架构。它的特点是对海量数据进行分布式数据挖掘,它必须依托云计算的分布式处理、分布式数据库和云存储、虚拟化技术。

随着云时代的来临,大数据也吸引了越来越多的关注。分析师团队认为,大数据通常用来形容一个公司创造的大量非结构化数据和半结构化数据,这些数据在下载到关系型数据库用于分析时会花费过多的时间和金钱。大数据分析常和云计算联系到一起,因为实时的大型数据收集分析需要像 MapReduce 一样的框架来向数十、数百或甚至数千台计算机分配工作。

大数据需要特殊的技术,以有效处理大量容忍时间内的数据。大数据技术包括大规模并行处理(MPP)数据库、数据挖掘、分布式文件系统、分布式数据库、云计算平台、互联网和可扩展的存储系统。

3. 大数据应用实例

在通信行业,我们可以通过大数据分析挽回核心客户;大数据帮助零售企业制定促销策略;2013 年,微软公司经济学家利用大数据成功预测 24 个奥斯卡奖项中的 19 个,成为人们津津乐道的话题。

(1) 利用高德大数据分析并查看中国主要城市拥堵排名以及所在城市的交通情况。

百度搜索"高德大数据",打开该网页,https://trp.autonavi.com/index.do,如图 8-61和图 8-62 所示。

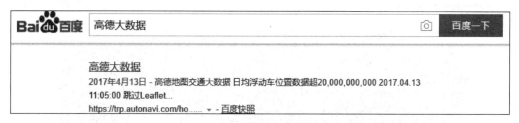

图 8-61 百度搜索"高德大数据"

图 8-62 高德地图交通大数据

（2）网站每 5 分钟进行一次数据更新，计算中国主要城市拥堵排名，如图 8-63 所示。

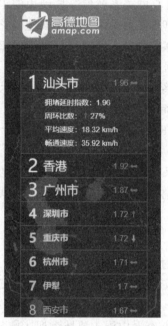

图 8-63　中国主要城市拥堵排名

（3）查询所在城市交通情况。

以广州市为例，单击【城市详情】→【字母 G】→【广州】，如图 8-64 所示。

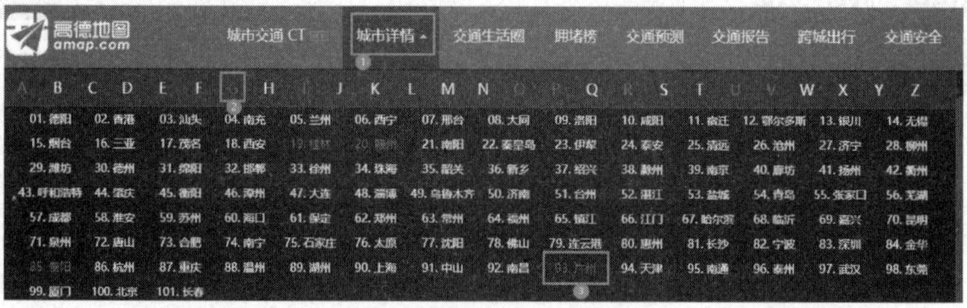

图 8-64　查询广州市交通情况

广州市某时刻实时交通情况，如图 8-65 所示。

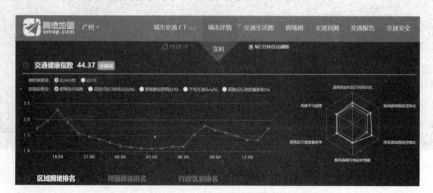

图 8-65　广州市某时刻实时交通情况

（4）大数据在能源行业的应用案例。智能电网在欧洲已经做到了终端,也就是所谓的智能电表。在德国,为了鼓励利用太阳能,住户会安装太阳能,当住户的太阳能有多余电的时候还可以卖给能源公司。通过电网每隔5分钟或10分钟收集一次数据,收集来的数据用来预测客户的用电习惯等,从而推断出在未来2~3个月时间里,整个电网大概需要多少电。有了这个预测后,就可以向发电或者供电企业购买一定数量的电。因为电与期货相似,如果提前买会比较便宜,买现货则比较贵。通过这个预测后,可以降低采购成本。

8.5 云课堂及其应用

学习要求

（1）初步了解云课堂;

（2）了解蓝墨云班课、腾讯课堂的使用方法。

8.5.1 云课堂介绍

1. 云课堂

人工智能、移动互联网、云计算和大数据技术为中国教育教学带来了重大变革机遇,以手机为代表的智能终端正在成为老师们开展课堂互动、反馈、激励和评价的必备利器,"以学生为中心"的新型教学模式开始在国内普及。

"云课堂"是一类面向教育和培训行业的互联网服务。使用机构无须购买任何硬件和软件,仅仅通过租用网络互动直播技术服务的方式,就可以实现面向全国的高质量的网络同步和异步教学及培训,是一种真正完全突破时空限制的全方位互动性学习模式。同时运用大数据和人工智能技术,帮助学生成长,辅助教师教学。

教师在任何移动设备上轻松管理自己的班课,随时发送通知、资源推送和开展课堂活动。云服务详细地记录学生的学习行为及可视化分析报告,也可以一键汇总生成过程性评价结果。

2. 简介

"云课堂"是基于云计算技术的一种高效、便捷、实时互动的远程教学课堂形式。使用者只需通过互联网界面,进行简单、易用的操作,便可快速、高效地与全球各地学生、教师、家长等不同用户同步分享语音、视频及数据文件,而课堂中数据的传输、处理等复杂技术由云课堂服务商帮助使用者进行操作。图 8-66 所示为云课堂的界面。

3. 意义

随着计算机虚拟技术的不断成熟和虚拟技术操作更接近于大众化,虚拟课堂在各大院校以及企业大学中的应用必然更加广泛、灵活、智能。对现今教育体制改革和职业人才的培养将起到更大的推动作用。如何确定一套完善的虚拟课堂应用解决方案（技术、服务、安全、管理维护机制等）将是一个需要在实践中不断总结和完善的课题。

图 8-66　云课堂界面

4. 功能

虚拟课堂为用户创造了一个实时的网络互动课堂,通过远程音、视频授课,不仅能够有效提升网络培训的学习效果,更是满足用户大规模培训的需求,全面提升培训效率,建立起具有竞争力的网络培训体系。其系统基础主要由课件制作工具、实时互动课堂、课件点播系统、学习管理系统和学习网关构成。在这方面,展示互动虚拟直播课堂技术走在了行业前沿,能够轻松实现超万人实时在线培训、学习互动与交流。

8.5.2　云课堂使用

随着互联网的发展,云课堂的应用越来越广泛,云课堂的品牌也遍地开花各有特色,一般有 Web 端(网页)、移动端(App)。常见的云课堂有:网易云课堂、腾讯课堂、蓝墨云班课、超星学习通、钉钉云课堂等,本小节以学生、教师不同身份对部分的 Web 端、移动端云课堂进行介绍。

1. 网易云课堂(以学生身份 Web 端进行介绍)

(1)网易云课堂基本介绍

网易云课堂是网易公司倾力打造的在线实用技能学习平台,该平台于 2012 年 12 月底正式上线,主要为学习者提供海量、优质的课程。网易云课堂的课程结构严谨,用户可以根据自身的学习程度,自主安排学习进度。网易云课堂的宗旨是,为每一位想真真正正学到些实用知识、技能的学习者,提供贴心的一站式学习服务。

立足于实用性的要求,云课堂精选各类课程,与多家权威教育、培训机构建立合作,课程数量已达 10 000＋,课时总数超 100 000,涵盖实用软件、IT 与互联网、外语学习、生活家居、兴趣爱好、职场技能、金融管理、考试认证、中小学、亲子教育十余大门类,其中不乏数量可观、制作精良的独家课程。从用户生活、职业、娱乐等多个维度,为用户打造实用学习平台。

网易云课堂目前拥有 Web 端和移动端(Android、iOS)。

(2) 网易云课堂的使用

① 用浏览器打开网易云课堂网址 https：//study.163.com/，如图 8-67 所示。

图 8-67　网易云课堂

② 单击网页右上角【登录/注册】，进入【登录/注册】界面，如图 8-68 所示。

图 8-68　网易云课堂【登录/注册】界面

③ 输入账号、密码即可进行登录，如没网易账号可单击注册申请或使用微信、QQ、微博等方式进行登录。

④ 登录后选择你的学习兴趣课程如图 8-69 所示，系统将根据选择推荐学习课程。

图 8-69　选择学习兴趣课程

⑤ 以学习 C++编程课为例，可以单击【课程分类】→【编程与开发课程体系】→【C++】，如图 8-70 所示。

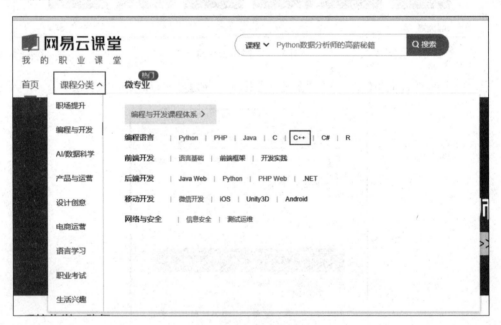

图 8-70　课程分类

⑥ 选择好学习的课程后可以单击【立即参加】进行报名，报名后会出现报名成功界面，如图 8-71 所示。

⑦ 单击网易云课堂主页中的【我的学习】后就能找到已经报名的科目进行学习，如图 8-72 所示。

图 8-71　报名参加学习

图 8-72　我的学习

2. 腾讯课堂（以学生身份移动端进行介绍）

（1）腾讯课堂基本介绍

腾讯课堂是腾讯推出的专业在线教育平台，它聚合了大量优质教育机构和名师，下设职业培训、公务员考试、托福雅思、考证考级、英语口语、中小学教育等众多在线学习精品课程，打造教师在线上课教学、学生及时互动学习的课堂。

此外，为保证课程质量，针对每家已开课的机构，综合其上课人数、准点开课率、课程好评度等进行评分，按照机构、教师的分数情况按周进行排名，对优秀的机构进行奖励。随着教育机构陆续进驻，腾讯课堂会根据不同机构的发展情况，优化扶持，让机构能专注为学员提供优质的课程，让更优秀的教师和教育机构脱颖而出。这样一来，由专业的教育机构提供教育课程，而腾讯则负责"在线"及用户，各自发挥所长，形成正向循环，实现互利共赢。

（2）腾讯课堂的使用

① 在各大"应用市场"下载并安装"腾讯课堂 APP"（网页版学习网址：https://ke.qq.com/），打开后如图 8-73 所示。

② 通过 QQ、微信方式进行登录。

③ 登录后可在首页通过搜索找到需要学习的课程，如图 8-74 所示。

④ 以学习 Photoshop 为例，在搜索栏中输入"Photoshop"，找到对应的课程后点击，如图 8-75 所示，然后选择右下角的【免费报名】进行学习。

图 8-73　腾讯课堂

图 8-74　寻找课程

图 8-75　学习 Photoshop 软件

3. 蓝墨云班课（以教师身份 Web 端进行介绍）

（1）蓝墨云班课基本介绍

蓝墨云班课是一款免费课堂互动教学 App，也是国内融入人工智能技术的智能教学工具。它基于移动互联环境，实现教师与学生之间的即时互动、资源推送和作业任务，完善的激励与评价体系激发了学生在移动设备上的自主学习，实时记录学生的学习行为，实现对学生学习的过程性考核，更能为教师提供高质量的教学研究大数据，还实现了基于人工智能技术的个性化智能助学和智能助教功能。

蓝墨云班课主要是通过"互联网＋课堂"的形式进行授课。利用学生自带设备开展头脑风暴、投票问卷、讨论答疑、随堂测试和分组任务等丰富的课堂活动。教师可以通过手机APP 来进行手势签到，从而节省大量的点名时间，并且将课堂的资源内容通过手机扫一扫等功能进行分享。学生也可以通过手机完成教师布置的练习题，在课堂上记录笔记或向教师提出问题。蓝墨云班课的功能介绍如下。

① 轻松管理班课。在任何移动设备或 PC 上，教师都可以轻松管理自己的班课，管理学生、发送通知、分享资源、布置批改作业、组织讨论答疑、开展教学互动。

② 互动随即开展。任何普通教室的课堂现场或课外，教师都可以随即开展投票问卷、头脑风暴等互动教学活动。即刻反馈，即刻点评。

③ 激发自主学习兴趣。教师发布的所有课程信息、学习要求、课件、微视频等学习资源都可以即时传递到学生的移动设备上，从而让学生的移动设备从此变成学习工具，不再只是用于社交、游戏。

④ 学习进度跟踪与评价。配套蓝墨移动交互式数字教材，可以实现对每位学生学习进度的跟踪和学习成效评价，学期末教师可以得到每位学生的数字教材学习评估报告。

（2）蓝墨云班课的使用

① 在浏览器中输入 https://www.mosoteach.cn/，打开蓝墨云班课首页，如图 8-76所示。

图 8-76 蓝墨云班课

② 单击网页右上角的【登录/注册】，进入【登录/注册】界面，如图 8-77 所示。

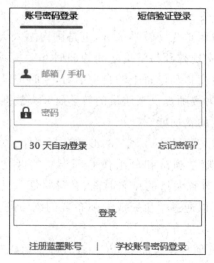

图 8-77　登录/注册

③ 输入账号和密码即可进行登录，如果没有账号可单击【注册蓝墨账号】申请，登录后的界面如图 8-78 所示。

图 8-78　登录蓝墨云班课

④ 单击左上角的"＋"进行创建班课，如图 8-79 所示。

⑤ 创建班课后就会得到班课号，如图 8-80 所示，把班课号发送给学生就可以让学生加入到蓝墨云班课中。

图 8-79　创建班课

图 8-80　班课号

⑥ 进入班课后即可进行投票问卷、头脑风暴、轻直播/讨论、测试活动、作业/小组任务等教学活动,如图 8-81 所示。

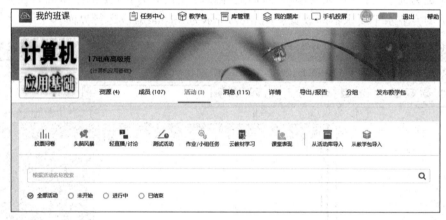

图 8-81　蓝墨云班课教学活动

8.6　计算机编程语言

学习要求

(1) 初步认识计算机编程语言;

(2) 了解计算机编程原理。

8.6.1　编程语言介绍

1. 编程语言

编程语言(Programming Language)可以简单地理解为一种计算机和人都能识别的语言。一种计算机语言让程序员能够准确地定义计算机所需要使用的数据,并精确地定义在不同情况下所应当采取的行动。

编程语言处在不断的发展和变化中,从最初的机器语言发展到如今的 2 500 种以上的高级语言,每种语言都有其特定的用途和不同的发展轨迹。编程语言并不像人类自然语言发展变化一样的缓慢而又持久,其发展非常迅速,主要是因为计算机硬件、互联网和 IT 业的发展促进了编程语言的发展。

2. 简介

计算机编程语言能够实现人与机器之间的交流和沟通,而计算机编程语言主要包括汇编语言、机器语言以及高级语言,具体内容如下。

(1)汇编语言主要以英文缩写作为标符进行编写。运用汇编语言进行编写的一般都是较为简练的小程序,其在执行方面较为便利,但是程序较为冗长,所以具有较高的出错率。

(2)机器语言主要是利用二进制编码进行指令的发送,能够被计算机快速地识别,其灵活性相对较高,且执行速度较为可观。机器语言与汇编语言之间的相似性较高,但由于具有局限性,所以在使用上存在一定的约束性。

(3)高级语言是由多种编程语言结合之后的总称,它可以对多条指令进行整合,将其变为单条指令完成输送,其在操作细节指令以及中间过程等方面都得到了适当的简化,所以,整个程序更为简便,具有较强的操作性,而这种编码方式的简化,使得计算机编程对于相关工作人员的专业水平要求不断放宽。图 8-82 所示为 Visual C++运行界面。

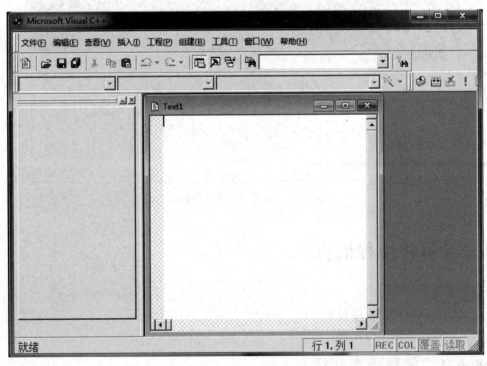

图 8-82　Visual C++运行界面

3. 编程原理

最简单的编程概念就是告诉计算机做什么。计算机本质上是一大堆或开或关的小型电子开关。编程原理就是通过设置这些开关的不同组合,使计算机做一些事情。

4. 部分编程语言简介

（1）C 语言

C 语言的"祖先"是 BCPL（Basic Combined Programming Language）语言。1970 年，美国贝尔实验室的 Ken Thompson 在 BCPL 语言的基础上设计出了 B 语言。1972—1973 年，美国贝尔实验室的 Dennis M. Ritchie 在 B 语言的基础上设计出了 C 语言。

（2）Java 语言

Java 是由 Sun Microsystem 于 1995 年推出的高级编程语言。Java 是一门面向对象编程语言，它不仅吸收了 C++ 的各种优点，还摒弃了 C++ 里难以理解的多继承、指针等概念，因此，Java 语言具有功能强大和简单易用两个特征。Java 语言作为静态面向对象编程语言的代表，极好地实现了面向对象理论，允许程序员以优雅的思维方式进行复杂的编程。

（3）Python 语言

Python 是一种跨平台的计算机程序设计语言，是一种面向对象的动态类型语言。Python 最初被设计用于编写自动化脚本（shell），随着版本的不断更新和语言新功能的添加，多被用于独立的、大型项目的开发。

8.6.2 计算机编程实例

1. Eclipse 介绍

Eclipse 是一个开放源代码的、基于 Java 的可扩展开发平台。就其本身而言，它只是一个框架和一组服务，用于通过插件组件构建开发环境。幸运的是，Eclipse 附带了一个标准的插件集，包括 Java 开发工具（Java Development Kit，JDK）。图 8-83 所示为 Visual C++ 运行界面。

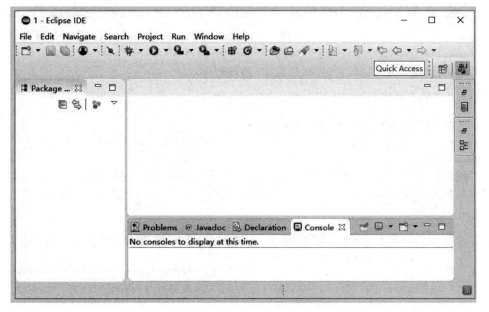

图 8-83　Visual C++运行界面

2. 编写控制台输出"中国加油,武汉加油"程序

打开 Eclipse 新建程序,输入:

```
//编写一个在控制台输出"中国加油,武汉加油"程序
public class demo1 {                                 //指明文件名是 demo1
  public static void main(String[] args) {           //是 java 程序的入口地址
    System.out.println("中国加油,武汉加油");          //在括号内填入"",然后在""里输入字符,即可
                                                     //在控制台输出文字

  }
}
```

程序编写及在控制台显示结果如图 8-84 所示。

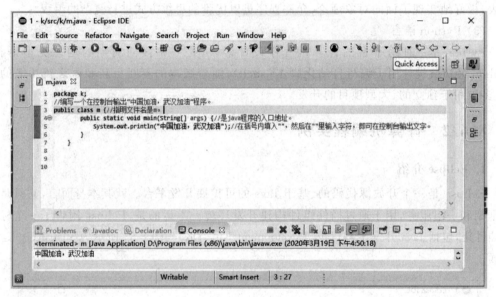

图 8-84　显示结果

3. 编写从数字 1～100 之间的"猜数字"游戏程序

打开 Eclipse 新建程序,输入:

```
//这是一个从数字 1～100 之间猜数字的程序
import java.util.Scanner;                            //控制台输入而引用的包 Scanner
public class N1 {                                    //文件名 N1
  public static void main(String[] args) {           //是 java 程序的入口地址
    int num = (int)(Math.round(Math.random() * 100) + 1);   //产生大于等于 0 小于 1 的一个随
                                                     //机数
    while(true) {                                    //循环
      System.out.println("请输入数值 1 - 100;");      //输出("请输入数值 1～100;")这段话
      Scanner jk = new Scanner(System.in);
      int sz = jk.nextInt();                         //等待控制台输入 int 类型的值,并赋值给 sz
      if(sz > num) {                                 //如果 sz 大于 num
        System.out.println("你输入的值大了");}        //那么就输出("你输入的值大了")
      else if(sz < num) {                            //否则如果 sz 小于 num
      System.out.println("你输入的值小了");           //那么就输出("你输入的值小了")
```

```
    }else {                                    //如果以上都不对
        System.out.println("恭喜你输入对了");  //就输出("恭喜你输入对了")
        break;                                 //跳出循环结束
    }
  }
 }
}
```

程序编写及在控制台显示结果，如图 8-85 所示。

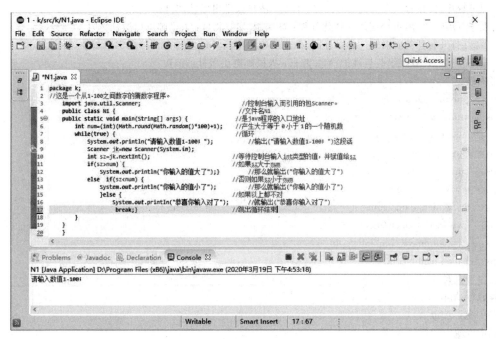

图 8-85 "猜数字"显示结果

参 考 文 献

［1］赖利君.Office 2010 办公软件案例教程［M］.6 版.北京：人民邮电出版社,2018.

［2］张红,龙玉梅.计算机应用基础(Windows 10＋Office 2016)［M］.北京：机械工业出版社,2019.

［3］祝振宇,张晓军.计算机应用基础(Windows 7＋Office 2010)［M］.2 版.北京：电子工业出版社,2017.

［4］郑纬民.计算机应用基础 Windows 7 操作系统［M］.北京：中央广播电视大学出版社,2012.

［5］黑马程序员.Java 基础入门［M］.2 版.北京：清华大学出版社,2018.

［6］艾华.Office 2010 办公应用立体化教程：微课版［M］.北京：人民邮电出版社,2017.

［7］罗辉.打开智慧的魔盒——思维导图、概念图应用宝典［M］.北京：清华大学出版社,2011.

［8］郑平,王强.计算机组装与维护［M］.北京：人民邮电出版社,2017.

参考网站：

https://pinyin.sogou.com/

https://study.163.com/

https://www.mosoteach.cn/

https://ke.qq.com/

https://email.163.com/

http://www.baidu.com

http://www.dangdang.com/

https://www.12306.cn/index/

https://trp.autonavi.com/index.do

https://baike.baidu.com/

其他参考资料：

携程旅行 App

铁路 12306 App

中国南方航空微信公众号

携程旅行微信小程序

携程微信公众号